W0264351

<u>Teubner Studienskripten Elektrotechnik</u>

Baur,   Einführung in die Radartechnik
253 Seiten. DM 19,80

Ebel,   Regelungstechnik
5., überarbeitete und erweiterte Aufl. 215 Seiten. DM 18,80

Ebel,   Beispiele und Aufgaben zur Regelungstechnik
3., überarbeitete und erweiterte Aufl. 167 Seiten. DM 16,80

Eckhardt,   Numerische Verfahren in der Energietechnik
208 Seiten. DM 17,80

Fender,   Fernwirken
112 Seiten. DM 15,80

Freitag,   Einführung in die Zweitortheorie
3., neubearbeitete und erweiterte Aufl. 168 Seiten. DM 16,80

Frohne,   Einführung in die Elektrotechnik

Band 1 Grundlagen und Netzwerke
5., durchgesehene Aufl. 172 Seiten. DM 16,80

Band 2 Elektrische und magnetische Felder
4., durchgesehene Aufl. 281 Seiten. DM 19,80

Band 3 Wechselstrom
4., durchgesehene Aufl. 200 Seiten. DM 17,80

Gad,   Feldeffektelektronik
266 Seiten. DM 19,80

Gerdsen,   Hochfrequenzmeßtechnik
223 Seiten. DM 18,80

Gerdsen,   Digitale Übertragungstechnik
322 Seiten. DM 21,80

Goerth,   Einführung in die Nachrichtentechnik
184 Seiten. DM 16,80

Haack,   Einführung in die Digitaltechnik
4. Auflage. 232 Seiten. DM 18,80

Harth,   Halbleitertechnologie
2., überarbeitete Aufl. 135 Seiten. DM 17,80

Heidermanns, Elektroakustik
138 Seiten. DM 15,80

Hilpert,   Halbleiterelemente
3., erweiterte Aufl. 184 Seiten. DM 16,80

Höhnle,   Elektrotechnik mit dem Taschenrechner
228 Seiten. DM 16,80

Kirschbaum, Transistorverstärker

Band 1 Technische Grundlagen
3., durchgesehene Aufl. 215 Seiten. DM 17,80

Band 2 Schaltungstechnik Teil 1
3., durchgesehene Aufl. 231 Seiten. DM 18,80

Band 3 Schaltungstechnik Teil 2
2., durchgesehene Aufl. 247 Seiten. DM 18,80

Morgenstern, Farbfernsehtechnik
2., überarbeitete und erweiterte Aufl. 260 Seiten. DM 19,80

Morgenstern, Technik der magnetischen Videosignalaufzeichnung
200 Seiten. DM 17,80

Fortsetzung auf der 3. Umschlagseite

Zu diesem Buch

Die Skriptenreihe Einführung in
die Elektrotechnik enthält den
Stoff der vom Verfasser an der
Technischen Universität Hannover
gehaltenen Grundvorlesung über
dieses Gebiet. Die mathematischen
Voraussetzungen sind so gewählt,
daß die Skripten vom Beginn des
Studiums an neben den Vorlesungen
zum selbständigen Erarbeiten des
Stoffes genutzt werden können.
Dadurch sind sie für Studenten
an Hochschulen und Fachhoch-
schulen gleichermaßen geeignet.

Einführung in die Elektrotechnik

1 Grundlagen und Netzwerke

Von H. Frohne

o. Professor an der
Technischen Universität
Hannover

5., durchgesehene Auflage
Mit 66 Bildern

Springer Fachmedien Wiesbaden GmbH 1987

Prof. Dr.-Ing. Heinrich Frohne

1928 geboren in Paderborn. 1950 bis 1953 Studium
der Elektrotechnik an der Ingenieurschule Lage/
Lippe. 1953 bis 1957 Studium der Elektrotechnik
an der Technischen Hochschule Hannover. 1957 bis
1959 Assistent am Lehrstuhl für Elektrische Maschinen der Technischen Hochschule Hannover.
1959 Promotion. 1959 bis 1966 Firma Conti-Elek-
tro AG, Schorch-Werke, Rheydt: Leiter der Be-
rechnungs- und Konstruktionsabteilung für große
Maschinen; Leiter der gesamten technischen Entwicklung des Motorenwerkes. 1966 bis 1968 Ab-
teilungsvorsteher und Professor am Institut für
elektrische Maschinen, Antriebe und Bahnen der
Technischen Universität Braunschweig. Seit 1968
ord. Professor und Direktor des Institutes für
Grundlagen der Elektrotechnik und elektrische
Meßtechnik der Technischen Universität Hannover.

CIP-Kurztitelaufnahme der Deutschen Bibliothek

Frohne, Heinrich:
Einführung in die Elektrotechnik / von H. Frohne.
- Stuttgart : Teubner
 (Teubner Studienskripten ; ...)
 Teilw. Bd.1 u. 2 verf. von H. Frohne u.
 E. Ueckert

1. Grundlagen und Neztwerke.
5., durchges. Aufl. - 1987
 (Teubner Studienskripten ; 1 : Elektrotechnik)
 ISBN 978-3-519-40001-1   ISBN 978-3-322-91788-1 (eBook)
 DOI 10.1007/978-3-322-91788-1

Gesamtherstellung: Beltz Offsetdruck, Hemsbach/Bergstraße
Umschlaggestaltung: W. Koch, Sindelfingen

<u>Vorwort</u>

Die drei Bände der Skripten "Einführung in die Elektrotechnik" fassen das für das Fachstudium der Elektrotechnik
notwendige Präsenzwissen zusammen. Sie beziehen sich auf
den Stoff der ersten Semester vor dem Vorexamen und sind
so abgefaßt, daß sie mit Kenntnissen in der Infinitesimal-
und Vektorrechnung im Selbststudium durchgearbeitet werden
können. Letzteres erschien besonders wichtig, damit - auf-
bauend auf ein während des Studiums selbsterarbeitetes
Grundwissen - in den Vorlesungen stärker auf die Anwendung
der Grundlagen, ihre Einordnung in übergeordnete Betrach-
tungsweisen und nicht zuletzt auf spezielle Verständnis-
schwierigkeiten eingegangen werden kann.

Durch Herausstellen von Lehrsätzen und Arbeitsanweisungen
sowie eine übersichtliche, detaillierte Gliederung soll
erreicht werden, daß die vorliegenden Skripten auch für
das weitere Studium zum schnellen Nachschlagen genutzt
werden können. Aus diesem Grunde wurde auf das Einfügen
von Beispielen verzichtet, zumal diese in bestehenden
Aufgabensammlungen in genügendem Umfang greifbar sind.

Der hier vorliegende <u>erste Band</u> behandelt die allgemeinen
Grundlagen. In knapper Form werden die Maßsysteme betrachtet
mit dem Ziel, einen Einblick in ihre Entstehung und ihren
Zusammenhang zu vermitteln, um das Studium der Literatur zu
erleichtern. Daneben werden ausführlicher die Definitionen
physikalischer Größen und Gleichungen behandelt, da mit
deren konsequenter Anwendung bei der Einführung von Größen-

gleichungen die verwirrende Vielfalt der für das Gebiet der Elektrotechnik eingeführten Maßsysteme ihre Bedeutung verliert.

Das Hauptanliegen des ersten Bandes ist es, die Definitionen der elektrischen Größen und deren Verknüpfungen, die Methoden zur Berechnung elektrischer Netzwerke sowie die Zweipoltheorie für Gleichstrom zu erläutern.

Die Grundbegriffe Strom, Spannung und Potential werden bereits hier im ersten Band aus den Feldgrößen Stromdichte und elektrische Feldstärke entwickelt, allerdings lediglich für den Sonderfall eindimensionaler diskreter Leiterbahnen. Mit dieser Einschränkung können die für die Berechnung von Netzwerken ausreichenden integralen Größen anschaulich auf ihre in der Feldtheorie begründeten Definitionen zurückgeführt werden, ohne auf die nur mit Hilfe der Vektorrechnung zu beschreibenden komplizierteren mehrdimensionalen Felder eingehen zu müssen. Damit soll von vornherein die physikalische Bedeutung der Größen klargestellt und gleichzeitig in anschaulicher Weise ein Einblick in die Feldvorstellung vermittelt werden, der das Studium der im zweiten Band erläuterten elektromagnetischen Felder erleichtern soll.

Bewußt wurden beide unterschiedlichen Spannungsbegriffe für aktive Zweipole "Elektromotorische Kraft (EMK)" U_i und "Quellenspannung" U_q in die Einführung aufgenommen, da auch die durch sie gekennzeichneten physikalischen Zustände unterschiedlich sind. Die die Ladungsbewegung verursachenden Kräfte werden allgemein über das elektromagnetische Feld beschrieben. Im Inneren der Spannungsquellen bewirken diese Kräfte eine Ladungsbewegung vom niederen zum höheren Potential, d.h., der potentielle Energieinhalt der Ladungen wird erhöht. Die diese Kraftwirkung beschreibende innere Feldstärke muß dann auch vom niederen zum höheren Potential -

definitionsgemäß also vom Minus- zum Pluspol - weisen und
wird als innere - im speziellen Fall des zeitlich veränderlichen Magnetfeldes als induzierte - Feldstärke E_i bezeichnet. Die dieser Feldstärke entsprechende Spannung U_i - also
das Wegintegral der inneren Feldstärke - ist bei Wahl der
Integrationsrichtung in Richtung der inneren Feldstärke
positiv, ihr Zählpfeil weist vom Minus- zum Pluspol, und man
bezeichnet sie als EMK mit dem Symbol U_i. Dagegen ist die
mit dem Symbol U_q bezeichnete Quellenspannung die der vom
Plus- zum Minuspol weisenden elektrischen Feldstärke E entsprechende integrale Größe. Diese elektrische Feldstärke
beschreibt Kräfte, die wie die elektrische Feldstärke vom
höheren zum niederen Potential wirken und die als Ursache
der Ladungsbewegung im äußeren Stromkreis unter Abgabe potentieller Energie gedeutet werden können. Wählt man auch
hier die Integrationsrichtung gleich der der elektrischen
Feldstärke E, so ergibt sich U_q positiv mit einem vom Plus-
zum Minuspol weisenden Zählpfeil. Von diesen beiden die
physikalischen Vorgänge unterscheidenden Begriffen U_i und U_q
wird in den formalen Lösungsmethoden für viele Problemstel-
lungen nur der Spannungsbegriff U_q verwendet, d.h., diese
Methoden sind aus der Sicht der äußeren Stromkreise aufgestellt. Dieses durchaus zweckmäßige und empfehlenswerte
Vorgehen soll nun durch die Erklärung der beiden Spannungsbegriffe in vorliegender Einführung keinesfalls in Frage
gestellt werden, vielmehr sollen diese Betrachtungen dazu
dienen, die physikalischen Vorstellungen bei dem Studieren-
den zu vertiefen und ihn anzuleiten, zwischen physikalischen
Gegebenheiten und formalen Definitionen zu unterscheiden.
Deutlicher kommt dieses Anliegen allerdings erst in Bd.2 zum
Ausdruck.

Nach DIN wird für die unterschiedlichen Größen "Elektromotorische Kraft (EMK)" und elektrische Feldstärke das gleiche
Symbol E empfohlen. Da in vorliegender Einführung beide

Größen in engem Bezug nebeneinander verwendet sind, ist im
Sinne einer Verwechslungen vermeidenden übersichtlichen
Beschreibung entgegen dieser Empfehlung für die Größe "Elek-
tromotorische Kraft" das Symbol U_i eingeführt. Der Index "i"
soll dabei den induzierten - eingeprägten - Charakter dieser
Spannung kennzeichnen.

Den Mitarbeitern des Instituts Grundlagen der Elektrotechnik
und elektrische Meßtechnik der Technischen Universität Hannover danke ich für Anregungen und redaktionelle Hilfe. Dank
gebührt insbesondere Herrn Prof. Ueckert für fortwährende
kritische Diskussionen.

Hannover, im Juli 1987   H. Frohne

Inhaltsverzeichnis

		Seite
1.	Physikalische Größen und Gleichungen	12
1.1.	Physikalische Größen	12
1.2.	Funktioneller Zusammenhang zwischen physikalischen Größen (physikalische Gleichung)	14
1.3.	Dimensionen der Größen	19
1.4.	Einheiten der Größen	22
1.5.	Maß-, Dimensions- und Einheitensysteme	25
1.6.	Übersicht über die wichtigsten Maß- und Einheitensysteme	27
	1.6.1. Maßsysteme	27
	1.6.2. Einheitensysteme	36
1.7.	Arten und Charakter physikalischer Gleichungen	40
	1.7.1. Größengleichungen	41
	1.7.2. Zugeschnittene Größengleichung	46
	1.7.3. Zahlenwertgleichung	49
2.	Der elektrische Stromkreis	52
2.1.	Allgemeine Erläuterungen	52
2.2.	Ladungsströmung und Ladungsgeschwindigkeit	57
2.3.	Stromdichte und Strom	59
	2.3.1. Dimensionen und Einheiten von Strom und Ladung	63
	2.3.2. Stromstärke und Ladungsgeschwindigkeit bei Elektronenströmung	64
2.4.	Die Energiezustände in elektrischen Stromkreisen	65
	2.4.1. Potential und Spannung	70
	2.4.1.1. Elektrische Feldstärke	78
	2.4.1.2. Dimension und Einheit der Spannung	79
	2.4.2. Induzierte Spannung (EMK)	80
	2.4.3. Gleichgewichtszustände in elektrischen Stromkreisen (Spannungssatz)	83

Seite

2.5. Der Zusammenhang zwischen Spannung und Strom   93

     2.5.1. Driftgeschwindigkeit und elektrische Feldstärke   93

         2.5.1.1. Stromdichte und elektrische Feldstärke   97

     2.5.2. Elektrische Leitfähigkeit   99

     2.5.3. Widerstand eines Leiters   101

     2.5.4. Allgemeine Definition des elektrischen Widerstandes   106

         2.5.4.1. Dimension und Einheit des elektrischen Widerstandes   107

2.6. Die elektrische Leistung   108

     2.6.1. Dimensionen und Einheiten von Energie und Leistung   109

3. Methoden zur Berechnung elektrischer Kreise bei Gleichstrom   112

3.1. Ersatzschaltbilder   112

     3.1.1. Serienschaltung von Widerständen   115

     3.1.2. Parallelschaltung von Widerständen   117

3.2. Zählpfeile für Spannung und Strom   119

     3.2.1. Verbraucherzählpfeilsystem (VZS)   121

     3.2.2. Erzeugerzählpfeilsystem (EZS)   122

3.3. Anwendung der Kirchhoffschen Sätze auf Netzwerke   124

     3.3.1. Erster Kirchhoffscher Satz (Knotenpunktregel)   124

     3.3.2. Zweiter Kirchhoffscher Satz (Maschenregel)   125

         3.3.2.1. Darstellung der primär erzeugten Spannung (EMK) als allgemeine Spannung   127

3.4. Berechnung von Netzwerken   131

     3.4.1. Allgemeine Regeln und Gang der Rechnung   131

     3.4.2. Methoden zur Vereinfachung des Ersatzschaltbildes von Netzwerken   135

		Seite
3.5.	Der elektrische Zweipol	140
3.5.1.	Der passive lineare Zweipol	141
3.5.2.	Der aktive lineare Zweipol	142
3.5.3.	Der allgemeine lineare Zweipol	143
	3.5.3.1. Ersatzspannungsquelle	143
	3.5.3.2. Ersatzstromquelle	147
	3.5.3.3. Der Unterschied zwischen Ersatzspannungs- und Ersatzstromquelle	149
3.5.4.	Der allgemeine Ersatzzweipol eines Netzwerkes	150
3.5.5.	Umwandlung eines Netzwerkes	154
3.5.6.	Zusammenschaltung eines aktiven und passiven Zweipols	160
	3.5.6.1. Klemmenspannung und Klemmenstrom bei Belastung	160
	3.5.6.2. Die übertragene Leistung und der Wirkungsgrad	163

1. Physikalische Größen und Gleichungen

1.1. Physikalische Größen

In Physik und Technik versucht man, die Natur in ihren Eigenschaften, Erscheinungen, Zuständen usw., d.h. in ihren Merkmalen, zu beschreiben. Um ein rationelles Arbeiten zu ermöglichen, hat man feste Begriffe für charakteristische Merkmale definiert, die eine mühelose, eindeutige Verständigung auch im mathematischen Sinne ermöglichen. Die zu beobachtenden Merkmale können grundsätzlich in zwei verschiedene Arten unterteilt werden:

1) **Meßbare Merkmale** sind Eigenschaften, Erscheinungen, Zustände usw., die man nicht nur qualitativ, sondern auch quantitativ beschreiben kann. Z.B. ist das Merkmal des Körperlichen der Raum, dem bereits in der Bezeichnung die Meßbarkeit anhaftet, da man von einem doppelt so großen Raum sprechen kann.

2) **Nicht meßbare Merkmale** sind Eigenschaften, Erscheinungen, Zustände usw., mit denen sich nur qualitative Aussagen verbinden. Z.B. vermittelt das Merkmal "bunt" wohl einen bestimmten subjektiven Eindruck, der aber nicht meßbar ist. Dieses kommt auch hier bereits in der Bezeichnung zum Ausdruck, da man nicht von doppelt so bunt sprechen kann.

In den Disziplinen der Physik und Technik beschäftigt man sich fast ausschließlich mit objektiv meßbaren Vorgängen, so daß in diesem Rahmen nur die unter 1) genannten meßbaren Merkmale von Bedeutung sind. Man hat den verschiedenen meßbaren Merkmalen Bezeichnungen zugeordnet, durch die sie eindeutig definiert werden und bezeichnet sie ganz allgemein als "physikalische Größe".

*Eine physikalische Größe beschreibt qualitativ und
quantitativ die meßbaren Eigenschaften, Erscheinungen, Zustände der Natur.*

Nun kann es Größen geben, die sich wohl in der Quantität, nicht
aber in ihrer Qualität unterscheiden. Man hat daher neben dem
Begriff der physikalischen Größe noch den übergeordneten Begriff der "physikalischen Größenart" eingeführt, der nur eine
qualitative Aussage beinhaltet. Z.B. gehören die verschiedenen
Größen: Fläche 1, Fläche 2, Fläche 3, alle zu der gleichen
Größenart Fläche.

*Die physikalische Größenart beschreibt lediglich
die Qualität bestimmter meßbarer Eigenschaften,
Erscheinungen, Zustände der Natur.*

Zur weiteren Vereinfachung werden die Größen oder Größenarten
symbolhaft durch einen Buchstaben bezeichnet. Erst mit solchen
Vereinbarungen lassen sich die Naturvorgänge und ihre funktionellen Zusammenhänge elegant und überschaubar beschreiben. Z.B.
läßt sich das dynamische Grundgesetz in der gewohnt einfachen
Weise

$$F = ma$$

Symbol m bezeichnet die Größe "Masse"
Symbol a bezeichnet die Größe "Beschleunigung"

formulieren, wenn man der Wirkung, die ein abgebremster Körper
ausübt, die Größe "Kraft" zuordnet, die symbolisch mit F gekennzeichnet wird. Dabei hat die Kraft, die hier als Größe
auftritt, in ihrer Bedeutung als Größenart über diese Einzel-
gleichung hinaus allgemeinere Gültigkeit.

Größen stellen Merkmale, im allgemeinen Eigenschaften dar und
sind somit keine Zahlen im mathematischen Sinn. Man darf mit

ihnen daher nur Rechenoperationen entsprechend den folgenden
Vorschriften ausführen:

1) Addieren und Subtrahieren ist nur zulässig bei Größen
   der gleichen Größenart.

2) Multiplizieren und Dividieren ist zulässig bei Größen
   gleicher und auch verschiedener Größenart.

3) Potenzieren und Radizieren ist zulässig.

4) In Argumenten transzendenter Funktionen oder als
   Exponenten sind nur Größen oder Potenzprodukte von
   Größen zulässig, die den Charakter reiner Zahlen
   haben. Z.B. ist $\sin(t)$ nicht zulässig, wohl aber
   $\sin(\omega t)$ (t ist das Symbol für die Größe Zeit und
   ω für die Winkelgeschwindigkeit mit der Dimension
   1/Zeit).

Wie später gezeigt wird, verwendet man die durch die Rechenoperationen 2) und 3) entstehenden Potenzprodukte häufig zur
Definition neuer Größen bzw. Größenarten.

1.2. <u>Funktioneller Zusammenhang zwischen physikalischen
      Größen (physikalische Gleichung)</u>

Es gibt grundsätzlich zwei Möglichkeiten, einen funktionellen
Zusammenhang, d.h. eine physikalische Gleichung zwischen verschiedenen Größen, aufzustellen.

1) Beschreibung von Gesetz-	2) Definition neuer
mäßigkeiten, die aus der	Größen durch zweck-
Beobachtung von Naturvor-	mäßige Verknüpfung
gängen gewonnen wurden:	bekannter Größen:

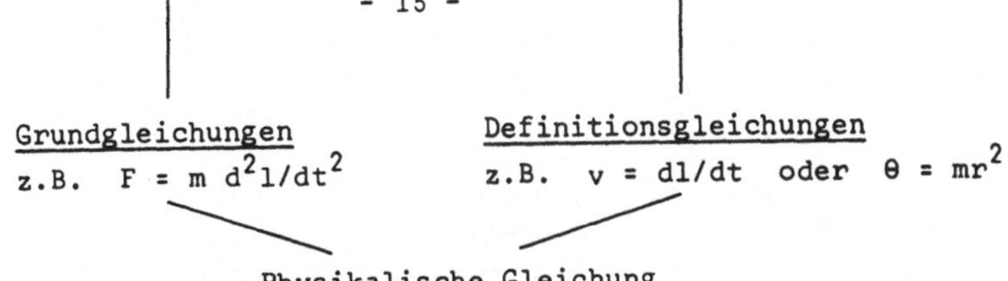

Definitionsgleichungen

Definitionsgleichungen können in <u>beliebiger Zahl</u> ohne mathematische Schwierigkeiten aufgestellt werden, da mit ihnen ja mehrere Größen durch eine eindeutige Anweisung zu einer neuen Größe zusammengefaßt werden.

Beispiel:

$$v = \frac{dl}{dt}$$

Die Größen Weg l und Zeit t werden mit der Anweisung "differenzieren!" zu der neuen Größe Geschwindigkeit v zusammengefaßt.

Die Anzahl der Definitionsgleichungen wird ausschließlich nach praktischen Gesichtspunkten bestimmt.

Grundgleichungen

Will man die beobachteten Naturerscheinungen durch eine Gleichung - also eine Grundgleichung - beschreiben, so entstehen Schwierigkeiten dadurch, daß die Beobachtungen nur als Proportionen geschrieben werden können.

Beispiel:
Zwei Ladungen Q_1 und Q_2 mit dem Abstand l üben aufeinander die Kraft F aus. Dieser Zusammenhang läßt sich wohl als Proportion angeben, nicht aber als Gleichung, da auf beiden Seiten Größen verschiedener Qualität, also verschiedener Größenart, auftreten.

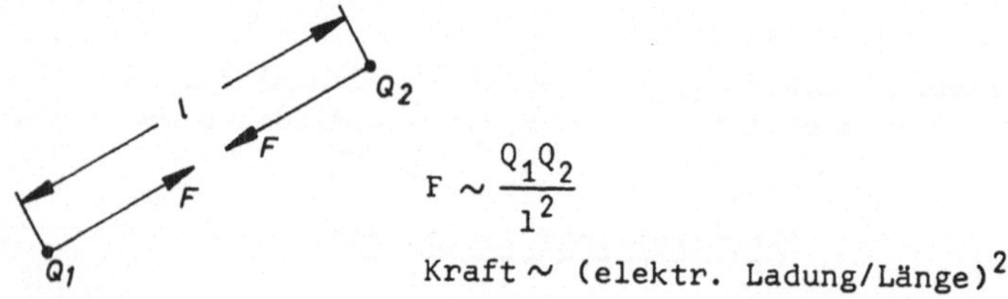

$$F \sim \frac{Q_1 Q_2}{l^2}$$

Kraft $\sim$ (elektr. Ladung/Länge)^2

Bild 1: Kraft auf elektrische Ladung

Um die Gleichheitsaxiome der Mathematik zu erfüllen, muß man bei der Überführung der Proportionen in Gleichungen sogenannte Proportionalitätsfaktoren einführen. Erst dadurch werden beide Seiten der Gleichung physikalisch und mathematisch, d.h. qualitativ und quantitativ, gleich.

Beispiel:

$$F = K \frac{Q_1 Q_2}{l^2} \quad ; \quad K \text{ Faktor der Größenart:}$$

Kraft (Länge/elektr. Ladung)^2

Der Proportionalitätsfaktor hat den Sinn,
Proportionen in Gleichungen zu überführen.

Es existieren nur sehr wenige Naturvorgänge, die unabhängig voneinander sind, d.h. es gibt auch nur sehr wenige Grundgleichungen. Die meisten in Physik und Technik gebräuchlichen Gleichungen sind Definitionsgleichungen.

Betrachtet man ein bestimmtes Gebiet der Physik, z.B. die Mechanik, so lassen sich für dieses nur zwei Grundgleichungen aufstellen:

das dynamische Grundgesetz $\qquad F = m \dfrac{d^2 l}{dt^2},$

das Gravitationsgesetz $\qquad F = k \dfrac{m_1 m_2}{l^2}.$

Neben diesen Grundgleichungen können nun, wie erwähnt, beliebig viele Definitionsgleichungen zusätzlich aufgestellt werden, wie z.B.

Geschwindigkeit $\qquad v = \dfrac{dl}{dt}$,

Beschleunigung $\qquad a = \dfrac{d^2l}{dt^2}$.

Eine zusätzliche Größe als 3. Ableitung $c = d^3l/dt^3$ ist nicht notwendig und nicht sinnvoll.

Definitionsgleichungen werden nur aufgestellt, wenn die Zusammenfassung verschiedener Größen zu einer neuen sinnvollen Größe führt, durch die praktische Vereinfachungen erzielt werden.

Die Erfahrung zeigt nun, daß in allen Gebieten der Physik

> die Zahl der Grundgleichungen kleiner ist als die Zahl der durch diese verknüpften Größen.

Da ferner

> mit jeder zusätzlich aufgestellten unabhängigen Definitionsgleichung mindestens eine neue Größe eingeführt wird, läßt sich folgern, daß die Zahl der

> k physikalischen Gleichungen

immer kleiner ist als die der

> j physikalischen Größen.

Es bleiben also immer

> (j-k) physikalische Größen (Grund- od. Basisgrößen)

übrig, die als nicht weiter zurückführbare Größen aufgefaßt und als Grund- oder Basisgrößen eingeführt werden müssen.

Es gibt also drei Klassen physikalischer Größen bzw. Größenarten:

1) <u>Basisgrößen oder Grundgrößen</u>
> müssen notwendigerweise als naturgegebene, also nicht weiter zurückführbare Größen eingeführt werden. Alle übrigen Größen sind lediglich

Zusammenfassungen dieser Grundgrößen.

2) <u>Definitionsgrößen</u>
   entstehen, indem mehrere Grundgrößen nach den Vorschriften der zugehörigen Definitionsgleichung zusammengefaßt werden.

3) <u>Proportionalitätsfaktoren</u>
   müssen bei der Überführung der aus Naturbeobachtungen
   resultierenden Proportionen in Grundgleichungen eingeführt werden. Proportionalitätsfaktoren sind ebenfalls Größen, da mit ihnen die Eigenschaft, also die
   Größenart einer Gleichungsseite verändert wird. Häufig
   sind Proportionalitätsfaktoren Materialkonstanten.

Mathematisch gesehen sind alle drei Klassen der Größen gleich-
berechtigt, d.h. die in das Gleichungssystem aus

$$k \text{ Gleichungen mit zunächst } j \text{ Unbekannten}$$

als gegeben einzuführenden

$$(j-k) \text{ Basisgrößen}$$

können <u>beliebig gewählt</u> werden.

*Die Wahl der Basisgrößen erfolgt nach praktischen
Gesichtspunkten. Sie sollen physikalisch anschaulich
und meßtechnisch leicht herleitbar sein.*

Die Wahl ist oft nicht einfach. Z.B. wäre es in der Elektrotechnik nach physikalisch anschaulichen Gesichtspunkten sinnvoll, die Ladung als Grundgröße einzuführen. Diese tritt im
Elektron als nicht weiter teilbare physikalische Grunder-
scheinungsform auf, der Strom hingegen, der als Ladungsmenge,
die pro Zeit durch einen Querschnitt fließt, definiert wird,
ist bereits eine abgeleitete Größe. Trotzdem ist häufig der
Strom als Grundgröße eingeführt. Dies ist aus rein praktischen
Gesichtspunkten auch sinnvoll, denn in der Praxis tritt der

Strom als Rechengröße weitaus häufiger in Erscheinung als
die Ladung.

Der übersichtliche Zusammenhang zwischen Gleichungen und
Größen ist in der folgenden Skizze dargestellt:

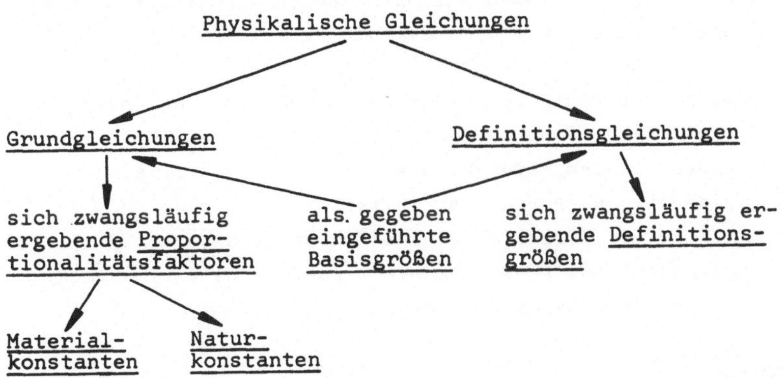

Proportionalitätsfaktoren gehören eigentlich zu den Definitionsgrößen. Sie unterscheiden sich von diesen lediglich dadurch, daß
sie bereits über die Grundgleichungen definiert sind.

1.3. Dimensionen der Größen

Im allgemeinen Sprachgebrauch versteht man unter der Dimension
die Abmessungen eines Gegenstandes. Man spricht z.B. davon,
daß sich die Dimensionen eines Körpers geändert haben.

In der euklidischen Geometrie kennt man die Länge, die Fläche
und den Raum, die durch die Angabe einer, zweier oder dreier
Längen beschrieben werden. Entsprechend diesen notwendigen Angaben bezeichnet man die Länge als eindimensional, die Fläche
als zwei- und den Raum als dreidimensional. Der Punkt wäre also

dimensionslos, da er keine Ausdehnung hat.

In der mehrdimensionalen Geometrie stellt man Funktionen auch
von mehr als drei Größen auf und spricht dann von mehrdimensionalen Räumen.

Im Zusammenhang mit Größen und Größenarten erhält der Begriff
der Dimension eine erweiterte Bedeutung.

> *Unter der Dimension einer Größe versteht man das aus*
> *den Basisgrößenarten gebildete Potenzprodukt dieser*
> *Größe; Zahlenfaktoren, die sich aus physikalischen*
> *Gleichungen ergeben und Infinitesimalzeichen (d, $\int$)*
> *bei der Differentiation und Integration werden fort-*
> *gelassen. Die Dimension einer Basisgröße ist demnach*
> *gleich der Basisgrößenart.*

Beispiel:

$$v = \frac{dl}{dt} : \dim (\text{Geschw.}) = \dim \left(\frac{\text{Länge}}{\text{Zeit}}\right) \quad ;$$

dim (Länge) = Länge und dim (Zeit) = Zeit, wenn die Länge und
die Zeit als Basisgrößen gewählt wurden.

In Analogie zu den Basis- und Definitionsgrößen werden auch
die Dimensionen unterteilt in:

1) <u>Basisdimensionen</u>
   Bei diesen handelt es sich um die Dimensionen der
   als gegeben eingeführten Basisgrößen, d.h. die Basisdimensionen sind gleich den Basisgrößenarten.

2) <u>Abgeleitete Dimensionen</u>
   Diese ergeben sich über die Grund- und Definitionsgleichungen als 'Potenzprodukte der Basisdimensionen.

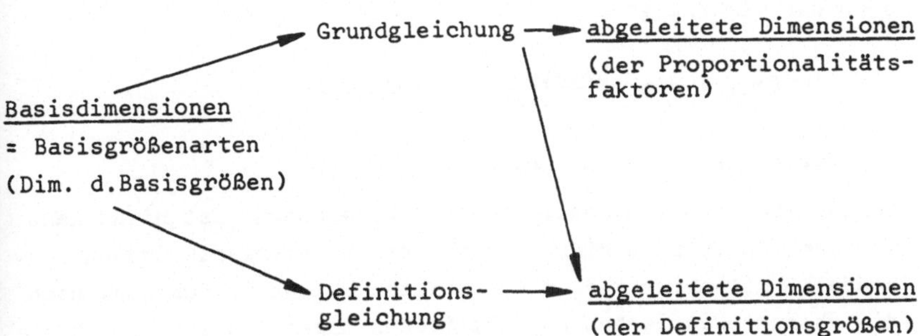

Zu beachten ist, daß Größen gleicher Dimension nicht unbedingt auch von gleicher Größenart zu sein brauchen, z.B.

$$\left.\begin{matrix} \text{Größenart "Arbeit"} \\ \text{Größenart "Drehmoment"} \end{matrix}\right\} \quad \text{dim (Kraft} \cdot \text{Länge).}$$

Beim praktischen Umgang mit Dimensionen, z.B. bei der Kontrolle einer Gleichung auf ihre Dimensionsgleichheit, brauchen die eingesetzten Größen nicht immer auf die Basisdimensionen zurückgeführt zu werden, sondern man kann bereits abgeleitete Dimensionen einführen, z.B.

$$\text{dim (Leistung)} = \text{dim (Geschw.} \cdot \text{Kraft) statt}$$

$$\text{dim (Leistung)} = \text{dim} \left(\frac{\text{Länge}}{\text{Zeit}} \text{ Kraft}\right).$$

Größen der Dimension 1

Ergibt die Dimensionsrechnung für eine abgeleitete Größe die Dimension 1, so ist diese eine

Verhältnisgröße = Größe oder Größenart der Dimension 1.

Z.B. ist das Produkt aus Kreisfrequenz ω und Zeit t

$$\text{dim} (\omega t) = \text{dim} \left(\frac{1}{\text{Zeit}} \text{ Zeit}\right) = \text{dim}(1)$$

oder der Wirkungsgrad

$$\dim(\eta) = \dim\left(\frac{\text{Leistung}}{\text{Leistung}}\right) = \dim(1)$$

eine Größe der Dimension Eins.

Solche Größen als dimensionslos zu bezeichnen, ist nicht ganz korrekt, da es sich hierbei sozusagen um normierte Größen handelt, mit denen man in den meisten Fällen ja durchaus noch die charakteristischen physikalischen Eigenschaften zum Ausdruck bringen will. Es ist daher häufig sogar angebracht, als Dimension das nicht gekürzte Verhältnis der beiden gleichen Ausgangsdimensionen anzugeben, z.B.

$$\dim(\omega t) = \dim\left(\frac{1}{\text{Zeit}}\,\text{Zeit}\right).$$

In Argumenten transzendenter Funktionen und Exponenten dürfen nur Verhältnisgrößen auftreten. Vielfach werden diese dadurch geschaffen, daß man Bezugsgrößen definiert wie z.B.

$$\text{Lautstärke in "phon"}\qquad \Lambda = 20\,\lg\frac{p}{p_0}\,.$$

Der in der Lautstärke auszudrückende Schalldruck p wird auf den Bezugsdruck p_0 bezogen, der an der Hörschwelle liegt ($\lg(p/p_0)$ kann nicht negativ werden).

1.4. Einheiten der Größen

Die Dimension kennzeichnet lediglich die Qualität einer Größe. Um ihre Quantität beschreiben zu können, wählt man Einheiten und gibt durch ein Produkt aus Zahlenwert und Einheit an, wieviel mal diese Einheit in der bezeichneten Größe enthalten ist:

Wert einer Größe (Quantität) = Zahlenwert · Einheit.

Der Wert einer Größe, also seine Quantität, kann ein-deutig nur durch ein Produkt angegeben werden, in dem der Zahlenwert angibt, wieviel mal die Einheit in der Größe enthalten ist. Beide Faktoren gehören zusammen; ändert sich der eine, z.B. die Einheit, muß sich zwangsläufig auch der andere ändern, z.B. der Zahlen-wert.

Wie man leicht einsieht, können theoretisch unendlich viele Einheiten für ein und dieselbe Größe festgelegt werden. Ihre beschränkte Auswahl erfolgt vorwiegend nach praktischen Ge-sichtspunkten. Z.B.: Der Wert der Größe "Zeit" läßt sich in Sekunden, Minuten, Stunden, Tagen usw. angeben.

Die Quantität einer Größe kann in vielen verschiedenen Ein-heiten angegeben werden, sie hat aber nur die eine ihrer Größenart entsprechende Dimension (vorausgesetzt, daß sie nur in einem Dimensionssystem betrachtet wird).

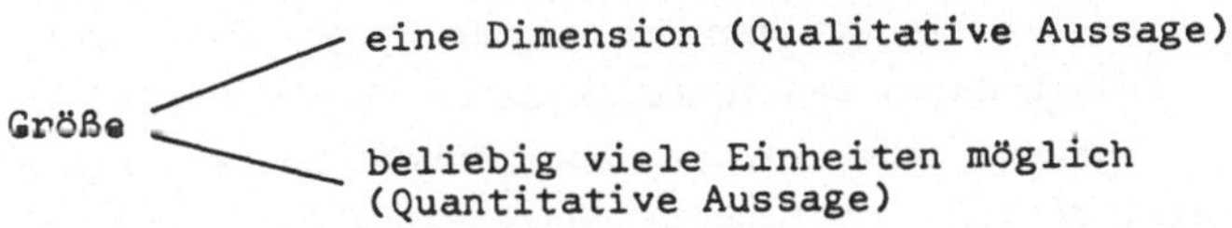

Die <u>Einheiten sind dimensionsbehaftet</u>, da sie selbst ja auch Größen sind, z.B. haben die Einheiten Sekunde, Minute die Dimension Zeit. Es ist falsch, die Einheiten selbst als Dimen-sionen zu bezeichnen oder zur Bildung von Dimensionsprodukten für die Definitionsgrößen zu verwenden, wie dieses manchmal geschieht, z.B.

dim (Arbeit) ist <u>nicht</u> mN,   cmN   usw.; sondern
dim (Länge · Kraft).

Ähnlich wie die Größenarten und Dimensionen werden auch die
Einheiten unterteilt, und zwar in Basiseinheiten und die aus
diesen zusammengesetzten abgeleiteten Einheiten.

<u>Basiseinheiten</u>
Basiseinheiten sind nicht aus anderen Einheiten abgeleitet,
sondern wie die Basisdimensionen als gegeben eingeführt. Es
gibt demnach mindestens ebenso viele Basiseinheiten wie es
Basisdimensionen und damit auch Basisgrößenarten gibt. In
vielen Fällen ist die Basiseinheit eine Einheit der Basisgrößenart. Man kann aber genau so richtig als Basiseinheit
die Einheit einer Definitionsgröße wählen. Dann tritt bei
einer Basisgrößenart zwangsläufig eine abgeleitete Einheit
auf.

Um die Quantität einer Größe eindeutig beschreiben zu können,
wurden bestimmte Basiseinheiten international definiert
(Internationales Einheitensystem). Bei der Definition dieser
Basiseinheiten wird vor allem auf die Objektivität der Meß-
methode Rücksicht genommen; durch Fortschritte in der Meßtechnik kommt es also zu neuen Festlegungen von Basiseinheiten. Die Basiseinheit der Basisgröße Länge, das Meter,
ist z.B. früher durch den in Paris aufbewahrten Meterstab
definiert worden, heute wird es aber durch die Wellenlänge
festgelegt, die ein zum Leuchten angeregtes Gas (Krypton)
bei einer bestimmten Spektrallinie aussendet. Die Einheit
Ampere wurde früher über die Silberausscheidung aus einer
Silbernitratlösung definiert, heute wird sie über die Kraftwirkung festgelegt.

<u>Abgeleitete Einheiten</u>
Die abgeleiteten Einheiten ergeben sich zwangsläufig aus den
Basiseinheiten über die entsprechenden Gleichungen. Treten
in den Definitionsgleichungen für die abgeleiteten Einheiten
keine Zahlenfaktoren auf, so spricht man von

<u>kohärent abgeleiteten Einheiten</u> oder einem <u>kohärenten
Einheitensystem</u>.

Als Hilfs- oder Sondereinheiten bezeichnet man solche, die
lediglich zur Erklärung verwendet werden, von der Sache her
aber nicht notwendig sind. Vorzugsweise werden solche Hilfs-
einheiten bei Verhältnisgrößen, d.h. bei Größenarten der
Dimension 1, eingeführt, z.B. Lautstärke: phon; Dämpfung:
Neper.

*Einheiten sollten niemals Hinweise auf die Größen
enthalten. Dieses ist nicht notwendig und auch
nicht zulässig.*

Beispiel:
Der Effektivwert einer Spannung sollte nicht in der Einheit,
sondern in der Bezeichnung der Größe gekennzeichnet sein:

$$U = 220 \ V_{eff} \quad \text{falsch!} \quad ; \quad U_{eff} = 220 \ V \quad \text{richtig!}$$

1.5. <u>Maß-, Dimensions- und Einheitensysteme</u>

Aus den bisherigen Darstellungen könnte man bei oberflächlicher
Betrachtung entnehmen, daß es zwar sinnvoll sein kann, für eine
Größenart verschiedene Einheiten zu verwenden, nicht aber
mehrere Dimensionen. Das ist jedoch ein Trugschluß. Da die
als gegeben, also a priori, einzuführenden Basisgrößenarten
willkürlich gewählt werden können - ihre Wahl erfolgt letztlich
nach praktischen und damit subjektiven Gesichtspunkten -, war
es wohl unvermeidbar, daß man verschiedene Kombinationen von
Basisgrößenarten wählte. Dies führte aber zu jeweils verschiedenen abgeleiteten Größenarten. Da die Basisgrößenart
als Basisdimension eingeführt wurde, können sich also bei unter-
schiedlicher Wahl von Basisgrößenarten für gleiche abgeleitete

Größenarten auch verschiedene Dimensionen ergeben. Z.B. ist
in der Mechanik die Wahl folgender verschiedener Basisgrößen durchaus geläufig:

	System I	System II
Basis- größenarten	Länge (dim Länge) Zeit (dim Zeit) Masse (dim Masse)	Länge (dim Länge) Zeit (dim Zeit) Kraft (dim Kraft)
Abgeleitete Größenarten	Kraft (dim Masse $\frac{\text{Länge}}{\text{Zeit}^2}$)	Masse (dim Kraft $\frac{\text{Zeit}^2}{\text{Länge}}$)

Eine bestimmte Kombination von Basisgrößenarten mit den aus
diesen abgeleiteten Größenarten nennt man "ein System" und
spricht von

<u>Größenartensystemen</u>,
<u>Dimensionssystemen</u>,
<u>Einheitensystemen</u>.

Es gibt also theoretisch nicht nur mehrere Einheitensysteme,
sondern auch mehrere Größenarten- und Dimensionssysteme, da
man verschiedene Kombinationen von Basisgrößen und damit
Basisdimensionen wählen kann.

> *Das Größenarten-, Dimensions- oder Einheitensystem
> wird durch die Wahl der Basisgrößenarten, Basis-
> dimensionen oder Basiseinheiten bestimmt.*

Maßsysteme

Der Begriff des Maßsystems wurde früher häufig als übergeordnete Bezeichnung für die Kombination eines bestimmten
Dimensions- und Einheitensystems verwendet.

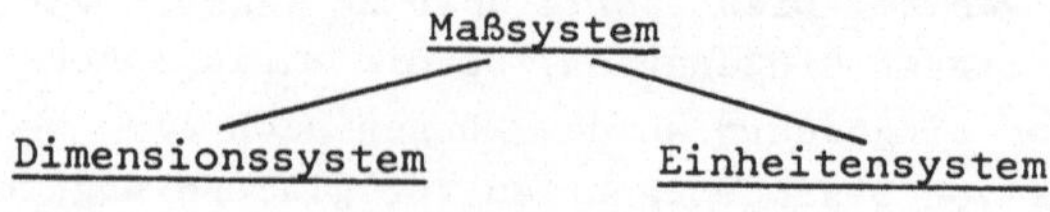

Da mehrere Dimensionssysteme und noch mehr Einheitensysteme
existieren, beide aber kombiniert ein Maßsystem ergeben, erkennt man, daß im Laufe der Zeit eine heute kaum noch zu über-
sehende Zahl von Maßsystemen entstand. Es genügt bei dieser
Bezeichnungsweise bereits der Übergang von der Basiseinheit
Zentimeter auf Meter, um ein neues Maßsystem zu schaffen.

1.6. Übersicht über die wichtigsten Maß- und Einheitensysteme

1.6.1. Maßsysteme

Im folgenden sind von den vielen existierenden Maßsystemen
nur die wichtigsten aufgeführt, die für das Verständnis
der elektrotechnischen Literatur notwendig sind. Um den Zusammenhang der Maßsysteme deutlicher herauszustellen, wurde
dazu abweichend von der Gliederung des Skriptums eine durch
römische Ziffern bezeichnete Untergliederung eingeführt.

I. Absolute Maßsysteme (CGS-Systeme)

Als Basisgrößenarten wurden die den Grundbegriffen der Physik
"räumlich", "körperlich" und "zeitlich" entsprechenden

	1)	2)	3)
Basisgrößenarten u. Basisdimensionen :	Länge	Masse	Zeit
mit den Einheiten:	cm	g	s

eingeführt.

I.1. Absolutes Maßsystem der Mechanik

Mit den obigen drei Basisgrößenarten (1-3) kann das Gebiet

der Mechanik eindeutig beschrieben werden, denn nach Ein-
setzen in die beiden

Grundgleichungen

   1) Dynamisches Grundgesetz: $\quad F = m\,\dfrac{d^2 l}{dt^2}$,

   2) Gravitationsgesetz $\quad : \quad F = k\,\dfrac{m_1 m_2}{l^2}$,

ergeben sich die zwei Unbekannten F und k eindeutig als

abgeleitete Größenarten	:	Kraft	Gravitationskonst.
mit den abgeleiteten Dimensionen	:	$\dfrac{\text{Masse} \cdot \text{Länge}}{\text{Zeit}^2}$	$\dfrac{\text{Länge}^3}{\text{Masse} \cdot \text{Zeit}^2}$
und den abgeleiteten Einheiten	:	$\dfrac{\text{cmg}}{\text{s}^2}$	$\dfrac{\text{cm}^3}{\text{gs}^2}$.

$$\left(1\,\frac{\text{cmg}}{\text{s}^2} = 1\ \text{dyn}\right)$$

Hinzu kommen dann alle weiteren über Definitionsgleichungen
bestimmte abgeleitete Größenarten mit ihren aus den Basisdimensionen bzw. Basiseinheiten abgeleiteten Dimensionen bzw.
Einheiten, z.B. Geschwindigkeit v: Länge/Zeit, cm/s; Leistung P:
$\text{Masse} \cdot \text{Länge}^2/\text{Zeit}^3$, erg/s usw.
Das absolute Maßsystem ist für das beschränkte Gebiet der
Mechanik eindeutig und auch sinnvoll.

I.2. Das elektrostatische Maßsystem

Dieses entstand dadurch, daß in der Elektrizitätslehre genau
wie in der Mechanik lediglich die drei unter I. angegebenen
Basisgrößenarten eingeführt wurden. Damit wurden alle elektrischen Größenarten aus mechanischen Größen abgeleitet.

Neben den zwei Grundgleichungen der Mechanik kann aufgrund

der Beobachtungen in der Elektrizitätslehre eine dritte unabhängige Grundgleichung aufgestellt werden:

3) Coulomb'sches Gesetz der Elektrostatik: $\quad F = \dfrac{Q_1 Q_2}{1^2}$.

Diese eine Naturbeobachtung beschreibende Funktion ist eigentlich eine Proportion, die fälschlicherweise - d.h. ohne gleichzeitige Einführung eines Proportionalitätsfaktors - als Gleichung geschrieben wurde, so daß mit dieser die

<u>elektrische Ladung</u> Q als Definitionsgrößenart
mit der abgeleiteten Dimension $\sqrt{\text{Masse} \cdot \text{Länge}^3}/\text{Zeit}$

zwangsweise bestimmt wurde.

Alle weiteren elektrischen Größenarten ergeben sich aus den entsprechenden Definitionsgleichungen als Größenarten, deren Dimensionen Potenzprodukte mechanischer Größen sind.

Infolge der unkorrekten Formulierung des Coulomb'schen Gesetzes treten in sehr vielen Dimensionsausdrücken des elektrostatischen Maßsystems die mechanischen Grunddimensionen mit gebrochenen Exponenten auf, so daß sie sich physikalisch nicht mehr deuten lassen. Unbefriedigend ist auch, daß die beiden verschiedenen Größenarten Länge und Kapazität die gleiche Dimension "Länge" haben.

Das elektrostatische Maßsystem hat nur noch historische Bedeutung.

I.3. <u>Das elektromagnetische Maßsystem</u>

Das elektromagnetische Maßsystem ergab sich ähnlich dem elektrostatischen, indem man hier die bei magnetischen Feldern beobachtete Naturerscheinung der Kraftwirkung zwischen Magnetpolen als dritte unabhängige Grundgleichung ohne Proportionalitätsfaktor formulierte.

3) Coulomb'sches Gesetz der Magnetostatik: $F = \dfrac{M_1 M_2}{l^2}$.

Damit wurde über diese Grundgleichung die sogenannte

> <u>Magnetmenge</u> M (kann als magnetischer Fluß ϕ gedeutet
> werden, s. Bd.2, 5.3.2.)   als Definitionsgrößenart
> mit der abgeleiteten Dimension $\sqrt{\text{Masse} \cdot \text{Länge}^3}/\text{Zeit}$

bestimmt.

Auch hier ergaben sich damit alle weiteren elektromagnetischen Größenarten mit abgeleiteten Dimensionen, in deren Potenzprodukten lediglich mechanische Basisdimensionen auftraten, aber teilweise mit gebrochenen Exponenten. Induktivität und Länge haben die gleiche Dimension "Länge".

Das elektromagnetische Maßsystem hat wie das elektrostatische nur noch historische Bedeutung.

II. <u>Technische Maßsysteme (praktische Maßsysteme)</u>

Die technischen Maßsysteme unterscheiden sich von den absoluten nur dadurch, daß statt der Basisgrößenart Masse mit der Basiseinheit Gramm die Basisgrößenart Kraft mit der Basiseinheit Kilopond gewählt wurde und bei der Basisgrößenart Länge die Basiseinheit Zentimeter durch die Basiseinheit Meter ersetzt wurde.

Damit ergeben sich die drei

		1)	2)	3)
Basisgrößenarten u. Basisdimensionen	:	Länge	Kraft	Zeit
mit den Basiseinheiten	:	m	kp	s .

II.1. Technisches Maßsystem der Mechanik

In der Mechanik ergeben sich aus den beiden Grundgleichungen
ähnlich wie bei den absoluten Maßsystemen (I.1.)

die abgeleiteten Größenarten : Masse $\qquad$ Gravitationskonst.

mit den gleichen abgeleiteten Dimensionen : $\dfrac{\text{Kraft Zeit}^2}{\text{Länge}}$ $\qquad$ $\dfrac{\text{Länge}^4}{\text{Kraft Zeit}^4}$

und den Einheiten : kg $\qquad$ $\dfrac{m^4}{kps^4}$

II.2. Technisches Maßsystem der Elektrostatik

Dieses unterscheidet sich nur dadurch vom elektrostatischen
Maßsystem (I.2.), daß alle elektrischen Größenarten nicht auf
die Basisdimensionen und Basiseinheiten des absoluten Maßsystems zurückgeführt sind, sondern auf die des technischen.

II.3. Technisches Maßsystem der Elektromagnetik

Hierfür gilt analog das unter II.2. für das technische Maßsystem der Elektrostatik Gesagte.

III. Vierersystem der Elektrotechnik

Der große Nachteil der absoluten und technischen Maßsysteme
für die Elektrotechnik liegt in den komplizierten und physikalisch nicht mehr zu deutenden Dimensionen der elektrischen
und magnetischen Größen. Das ist darauf zurückzuführen, daß
man bei der Behandlung elektrostatischer und elektromagnetischer

Probleme nur die drei Basisgrößen der Mechanik zu Grunde gelegt hat. Übergeordnet werden diese Maßsysteme auch häufig als <u>Dreiersysteme</u> bezeichnet. Erst später stellte man fest, daß für die Elektrotechnik, ebenso wie für die Wärmelehre, eine vierte Basisgröße eingeführt werden muß.

Mit der Einführung einer vierten gegebenen Basisgröße kann in die dritte Grundgleichung ein Proportionalitätsfaktor als Definitionsgröße aufgenommen werden, so daß diese tatsächlich eine physikalisch und mathematisch korrekte Gleichung darstellt:

$$\text{Coulomb'sches Gesetz der Elektrostatik: } F = k_Q \frac{Q_1 Q_2}{l^2} \; ,$$

$$\text{Coulomb'sches Gesetz der Magnetostatik: } F = k_M \frac{M_1 M_2}{l^2} \; .$$

Damit erhalten alle weiteren über Definitionsgleichungen abgeleiteten elektrischen und magnetischen Größenarten physikalisch deutbare Dimensionsausdrücke, und es treten keine elektrischen bzw. magnetischen Größenarten auf, die gleiche Dimensionen haben wie mechanische Größenarten (siehe I.2. und I.3.). Vierersysteme werden heute allgemein verwendet, allerdings sind auch von diesen noch eine ganze Reihe entstanden, die entsprechend der Wahl der Basisgrößenarten in folgende Gruppen unterteilt werden können:

Die 4 gewählten Basisgrößenarten verteilen sich wie folgt auf die Gebiete der			
Mechanik	Elektrizität	Magnetik	Bekanntestes Maßsystem der Gruppe
3	1		Giorgi'sches oder M K S A +)
2	1	1	Natürliches
2	2		Mie'sches
2		2	

+)Das M K S A - System bezeichnet streng genommen nur ein Einheitensystem.

Im folgenden sollen nur die zwei für die Elektrotechnik wichtigsten Vierersysteme näher erläutert werden.

III.1. Länge-Masse-Zeit-Ladung-System

Von Giorgi wurde 1901 ein Vierersystem vorgeschlagen (Giorgi'sches Maßsystem) mit den Basisgrößenarten Länge, Masse, Zeit und elektrischer Widerstand und den Basiseinheiten Meter, Kilogramm, Sekunde und Ohm_{int}. Im Zusammenhang mit den ab 1.1.1948 international eingeführten M K S A - Einheiten (Meter, Kilogramm, Sekunde, Ampere) wurde dieses Maßsystem geringfügig abgeändert, indem statt der elektrischen Größenart Widerstand die elektrische Größenart Ladung als Basisgrößenart gewählt wurde. Es wird heute fast ausschließlich verwendet, allerdings werden im praktischen Gebrauch häufig statt der Masse die Kraft und statt der Ladung der Strom als Basisgrößen eingeführt.

III.2. Natürliches Maßsystem

Von Bodea, Giorgi, Kalantaroff, Mie und Oberdorfer wurde ein Maßsystem angegeben, welches äußerst elegant ist, sich aber bisher nicht allgemein durchgesetzt hat. In diesem Vierersystem werden die zwei mechanischen Größen Länge l, Zeit t, die elektrische Größe Ladung Q und die magnetische Größe Fluß Φ als Basisgrößen eingeführt.

Für die drei Gebiete der Physik, Mechanik, Elektrizitätslehre und Magnetik, die häufig noch als selbständige Gebiete aufgefaßt werden, ergeben sich damit je drei Basisgrößen:

<table>
<tr><td><u>Mechanik</u></td><td><u>Elektrizität</u></td><td><u>Magnetik</u></td></tr>
<tr><td>l; t; H = Q Φ</td><td>l; t; Q</td><td>l; t; Φ ,</td></tr>
</table>

da in der Mechanik als dritte Basisgröße die sogenannte

Wirkung: H = Q Φ

als Produkt der beiden Basisgrößenarten Ladung und Fluß eingeführt wurde. Mit diesem natürlichen Maßsystem ist die Eigen-
ständigkeit der drei Gebiete Mechanik, Elektrizitätslehre und
Magnetik zwar hervorgehoben, aber doch eindeutig gezeigt, daß
sie nicht unabhängig voneinander sind, da sie über H = Q Φ
miteinander verknüpft sind.

IV. <u>Fünfersystem der Elektrotechnik</u>

Die Erweiterung der Dreiersysteme zu Vierersystemen brachte
unter anderem den Vorteil, daß zwischen elektrischen bzw.
magnetischen und mechanischen Größen keine Dimensionsgleichheit mehr auftrat, wie z.B.

$$\left.\begin{array}{l} \text{dim (Länge)} \\ \text{dim (Kapazität)} \end{array}\right\} = \text{dim (Länge)}$$

$$\left.\begin{array}{l} \text{dim (Geschwindigkeit)} \\ \text{dim (Leitwert)} \end{array}\right\} = \text{dim } \left(\frac{\text{Länge}}{\text{Zeit}}\right) \quad .$$

Leider lassen sich aber auch bei den Vierersystemen die Dimen-
sionsgleichheiten zwischen elektrischen und magnetischen
Größen nicht vollständig vermeiden. Z.B. ist

dim (Strom) = dim (magnetische Spannung)

dim (Spannung · Zeit) = dim (magnetischer Fluß).

Man hat daher noch eine fünfte Basisgröße, die sogenannte

<u>elektromagnetische Verkettung</u>

$$\gamma_I = \frac{\text{Strom}}{\text{magn. Spannung}} \quad ; \quad \gamma_\phi = \frac{\text{Fluß}}{\text{Spannung} \cdot \text{Zeit}}$$

eingeführt. Damit ergeben sich

$$\text{das Durchflutungsgesetz} \quad : \quad \oint \mathfrak{H} \, d\underline{l} = \int_A \gamma \, d\mathfrak{A}$$

$$\text{und das Induktionsgesetz} \quad : \quad \oint \mathfrak{E} \, d\underline{l} = \frac{d}{dt} \int_A \mathfrak{B} \, d\mathfrak{A} \quad ,$$

welche in dieser üblichen Schreibweise der Vierersysteme ohne den Proportionalitätsfaktor streng genommen nur als Proportionen geschrieben werden dürften, in der korrekteren Form

$$\gamma_I \oint \mathfrak{H} \, d\underline{l} = \int_A \gamma \, d\mathfrak{A} \quad ; \quad \gamma_\phi \oint \mathfrak{E} \, d\underline{l} = \frac{d}{dt} \int_A \mathfrak{B} \, d\mathfrak{A} \, .$$

V. <u>Konventionelle und rationale Schreibweise</u>

Diese unterschiedliche Schreibweise bezieht sich auf die geometrischen Beziehungen der Größenarten. Z.B. wird ein ebener Winkel in zwei verschiedenen Formen beschrieben:

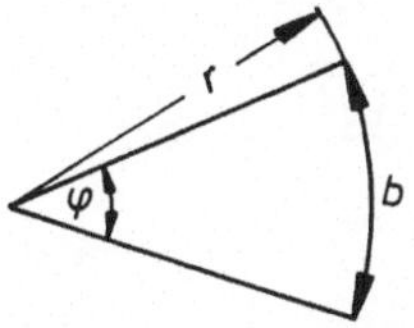

$$\varphi = \frac{b}{r} \qquad\qquad \varphi = \frac{b}{2\pi r}$$

(konventionell) (rational)

Bild 2: Bezeichnung ebener Winkel

Mit der allgemeinen Definition $\omega = d\varphi/dt$ ergibt sich dann z.B. die Umfangsgeschwindigkeit zu $v = \omega r$ in der konventionellen und $v = \omega r 2\pi$ in der rationalen Schreibweise. In der Elektrostatik ergibt sich die von einer Punktladung Q ausgehende elektrische Erregung definitionsgemäß in rationaler Schreibweise zu $D = Q/4\pi r^2$ (s.Bd.2; 3.2.2.), in konventioneller zu $D_K = Q/r^2$. Die Beziehung für den elektrischen Erregungsfluß durch die Kugeloberfläche mit dem Radius r um Q folgt dann zu $\Psi = Q = D4\pi r^2$ in rationaler bzw. $\Psi = Q = D_K r^2$ in konventioneller Schreibweise.

Für die Grundgesetze bestehen folgende Unterschiede:

	konventionell	rational
Newtonsches Gravitations- gesetz	$F = k\,\dfrac{m_1 m_2}{l^2}$	$F = \dfrac{k}{4\pi}\,\dfrac{m_1 m_2}{l^2}$
Coulomb'sches Gesetz der Elektrostatik	$F = \dfrac{1}{\varepsilon_0}\,\dfrac{Q_1 Q_2}{l^2}$	$F = \dfrac{1}{4\pi\varepsilon_0}\,\dfrac{Q_1 Q_2}{l^2}$
Coulomb'sches Gesetz der Magnetostatik	$F = \dfrac{1}{\mu_0}\,\dfrac{\Phi_1 \Phi_2}{l^2}$	$F = \dfrac{1}{4\pi\mu}\,\dfrac{\Phi_1 \Phi_2}{l^2}$

Die konventionelle Schreibweise wird meist im Zusammenhang mit den absoluten Maßsystemen angewandt.
Heute ist im Zusammenhang mit den technischen Maßsystemen in der Mechanik häufig noch die konventionelle, in der Elektrotechnik aber die rationale Schreibweise üblich.

1.6.2. Einheitensysteme

Im folgenden sollen nur die heute gebräuchlichen Einheitensysteme aufgeführt werden.

I. M K S A - System

Dieses Einheitensystem ist für die Elektrotechnik das be-
deutendste. Es wurden folgende voneinander unabhängige Basiseinheiten gewählt:

Meter   (m) für die Länge,
Kilogramm   (kg) für die Masse,
Sekunde   (s) für die Zeit und
Ampere   (A) für den Strom.

Das als vierte Basiseinheit eingeführte Ampere ist über die
Kraftwirkung des Magnetfeldes wie folgt definiert:

*Ein konstanter Gleichstrom von 1 Ampere bewirkt
zwischen zwei unendlich langen Leitern mit ver-
nachlässigbarem Querschnitt, die geradlinig mit
einem Meter Abstand im Vakuum angeordnet sind,
eine Kraft von $2 \cdot 10^{-7}$ Newton ($1N = 1kg\ m/s^2$) pro
Meter Länge.*

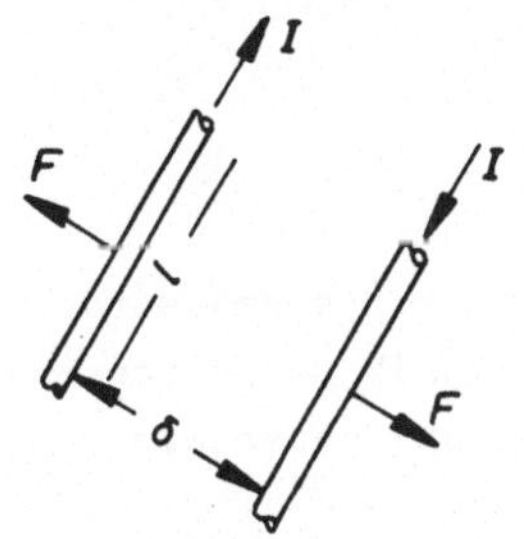

Bild 3: Kraft zwischen stromdurchflossenen Leitern

Diese Definition wird eindeutig
durch die Größengleichung

$$F = \frac{\mu_0 I^2 l}{2 \pi \delta}$$

beschrieben. Damit ist das Ampere
eindeutig an die magnetische Feldkonstante (siehe Bd.2; 5.)

$$\mu_0 = 4\pi \cdot 10^{-7} \frac{kgm}{s^2 A^2} = 4\pi \cdot 10^{-7} \frac{N}{A^2} = 4\pi \cdot 10^{-7} \frac{H}{m}$$

angeschlossen. Die besondere Bedeutung des M K S A - Systems
liegt darin, daß durch diese Definition alle häufig verwendeten,

mit besonderen Namen belegten, elektrischen und magnetischen
Einheiten wie z.B. Volt (V), Ohm (Ω), Coulomb (C), Watt (W),
Farad (F) usw. kohärent an die mechanischen Basiseinheiten
angeschlossen sind.

Das M K S A - System wurde von dem internationalen Komitee
für Maße und Gewichte 1948 international eingeführt und
1954 in das S I - System übernommen.

*Die M K S A - Einheiten sind gleich den im
S I - System festgelegten Einheiten.*

Die für das Gebiet der Elektrotechnik ausreichenden Einheiten
des M K S A - Systems sind in DIN 1357 und die für das gesamte
Gebiet der Physik geltenden des S I - Systems in DIN 1301 mit
ihren Kurzzeichen festgelegt und sollten bevorzugt verwendet
werden. Es sei jedoch erwähnt, daß Größen- oder zugeschnittene
Größengleichungen nicht an die Verwendung eines bestimmten
Einheitensystems gebunden sind.

II. <u>S I - Einheiten</u>

In dem Système International d'Unités (S I - System) wurden
für das gesamte Gebiet der Physik bzw. Technik sechs voneinander unabhängige Basiseinheiten gewählt, aus denen die
übrigen Einheiten kohärent abgeleitet sind.

Meter	(m)	für die Länge
Kilogramm	(kg)	für die Masse
Sekunde	(s)	für die Zeit
Ampere	(A)	für den Strom
Grad Kelvin	($^\circ$K)	für die Temperatur
Candela	(cd)	für die Lichtstärke

Das S I - System wurde 1954 von der Generalkonferenz für Maß
und Gewicht angenommen und ist international eingeführt. Man
spricht daher häufig von internationalen Einheiten, was aber
leicht zu Verwechslungen mit den allein für die Elektrotechnik
bereits 1908 festgelegten internationalen Einheiten führen
kann, die im nächsten Abschnitt erläutert werden.

*Das SI-System ist ein kohärentes Einheitensystem,
in dem sechs Basiseinheiten für das gesamte Gebiet
der Physik bzw. Technik festgelegt sind.*

III. Internationale Einheiten

Im Jahre 1908 wurden von der Internationalen Konferenz für
elektrische Einheiten und Normale für das Gebiet der Elektrotechnik neben den mechanischen Einheiten Meter bzw. Zentimeter und Sekunde noch <u>zwei</u> elektrische Basiseinheiten gewählt,
das

$\quad$ Ampere (A_{int}) für den Strom (Definition in 2.3.1.)

und das

$\quad$ Volt $\quad$ (V_{int}) für die Spannung (Definition in 2.4.1.2.).

Damit ergeben sich viele abgeleitete elektrische und magnetische Einheiten als Potenzprodukte, in denen leicht über-
schaubare elektrische Basiseinheiten enthalten sind, z.B.
das Watt (1 W_{int} = 1 $A_{int} \cdot$ 1 V_{int}).

Um Verwechslungen mit den S I - Einheiten zu vermeiden, werden
- falls notwendig - entsprechend DIN 1357 die internationalen
Einheiten mit dem Index "int" versehen.

Als sich mit zunehmender Verfeinerung der Meßtechnik herausstellte, daß die aus den internationalen Einheiten definierte
Einheit Watt für die elektrische Leistung mit der mechanischen

Leistung

$$1 \text{ W} = 1 \text{ V}_{int} \cdot 1 \text{ A}_{int} = 10^7 \frac{erg}{s}$$

nicht genau übereinstimmte, wurde auf Beschluß der Internationalen Elektrotechnischen Kommission 1935 in Scheveningen die Einheit Watt über mechanische Einheiten definiert:

$$1 \text{ W} = 1 \frac{J}{s} = 1 \frac{Nm}{s} = 1 \frac{m^2 kg}{s^3} = 10^7 \frac{erg}{s} \; .$$

Das auf dieser Definition basierende M K S A - System wurde dann am 1.1.1948 international in Kraft gesetzt und 1954 in das S I - System übernommen.

1.7. Arten und Charakter physikalischer Gleichungen

Es gibt grundsätzlich zwei verschiedene Möglichkeiten, physikalische Gleichungen - d.h. Basisgleichungen oder Definitionsgleichungen - aufzustellen.

> 1) Die Gleichung wird im festen Zusammenhang mit einem Maßsystem (Dimensions- und Einheitensystem) entwickelt.

Bei der zahlenmäßigen Auswertung einer solchen Gleichung müssen die verschiedenen Größen in den durch das Maßsystem festgelegten Dimensionen und Einheiten in die Gleichung eingesetzt werden. Führt man eine Größe in einer anderen Dimension oder Einheit ein, so führt das zu Fehlern.

> 2) Die Gleichung wird unabhängig von bestimmten Maßsystemen entwickelt und enthält nur Größen.

Bei der zahlenmäßigen Auswertung müssen die Größen in den Gleichungen durch das Produkt Zahlenwert mal Einheit ersetzt werden. Die algebraische Durchrechnung der Gleichung liefert als Ergebnis wiederum ein Produkt aus Zahlenwert und Einheit.

Man ist also an <u>kein Einheitensystem gebunden</u>, da sich die Einheit des Ergebnisses durch die Rechnung zwangsläufig aus den Einheiten der eingesetzten Größen ergibt.

Setzt man die Dimensionen eines beliebigen Dimensionssystems der einzelnen Größen in die Gleichung ein, so erhält man als Ergebnis ein Potenzprodukt von Dimensionen, das mit der Dimension der Größe übereinstimmen muß, die durch die Gleichung definiert wird (beide Seiten einer Gleichung müssen auch dimensionsmäßig gleich sein). Ist das nicht der Fall, so ist die Gleichung nicht richtig, meist liegt ein Fehler bei der Ableitung vor. Man ist also auch an kein bestimmtes Dimensionssystem gebunden, denn ist die Gleichung richtig, so folgt die Dimension des Ergebnisses zwangsläufig.

Während man früher bevorzugt mit den unter 1. beschriebenen, an ein Maßsystem gebundenen sogenannten <u>Zahlenwert-Gleichungen</u> arbeitete, haben sich heute mehr und mehr die unter 2. genannten vom Maßsystem unabhängigen sogenannten Größengleichungen eingeführt.

1.7.1. <u>Größengleichungen</u>

In die unabhängig von Maßsystemen entwickelten Größengleichungen können die Größen in beliebigen Einheiten eingeführt werden, ohne daß dadurch Fehler entstehen. Der große Vorteil dieser Gleichungen für die praktische Anwendung liegt darin, daß man sich nicht mehr die Vielzahl der bestehenden Maßsysteme sowie ihre Unterschiede und die sich daraus ergebenden Umrechnungsfaktoren einprägen muß. Mit den Größengleichungen wird somit ein elegantes und rationelles Arbeiten möglich. Man muß sich lediglich an folgende Regeln halten:

*Die in einer Größengleichung symbolisch durch
einen Buchstaben gekennzeichnete Größe ist bei
der zahlenmäßigen Auswertung der Gleichung entsprechend der Definition*

Größe = Zahlenwert mal Einheit

*durch das Produkt Zahlenwert mal Einheit zu er-
setzen und die Einheiten sind gleichermaßen wie
die Zahlenwerte als algebraische Rechengrößen
zu behandeln.*

Hält man sich an diese Regel, so kann man jede physikalische
Größengleichung mit den gewohnten mathematischen Regeln aus-
werten, ohne sich mit dem Wirrwarr aller Maßsysteme belasten
zu müssen. Leider wird im allgemeinen Sprachgebrauch häufig
gegen diese Regel verstoßen.

Man sollte sich bemühen, in der Ausdrucksweise klar und
korrekt zu sein. Bei der Angabe von Quotienten sind z.B.
häufig Kombinationen zwischen Größen und Einheiten üblich:

	übliche, aber nicht korrekte Ausdrucks- weise		korrekte Aus- drucksweise	
Geschwindigkeit	$\dfrac{\text{Weg}}{\text{Zeiteinheit}}$	$\dfrac{\text{Weg}}{\text{h}}$	$\dfrac{\text{Weg}}{\text{Zeit}}$	$\dfrac{\text{km}}{\text{h}}$
Druck	$\dfrac{\text{Kraft}}{\text{Flächeneinheit}}$	$\dfrac{\text{Kraft}}{\text{cm}^2}$	$\dfrac{\text{Kraft}}{\text{Fläche}}$	$\dfrac{\text{kp}}{\text{cm}^2}$

Daß es sich hierbei um unkorrekte Ausnahmen handelt, ist daraus zu ersehen, daß viele Begriffe üblicherweise ohne den
Zusatz "-einheit" angegeben werden, wie z.B.:

$$\text{Widerstand} = \frac{\text{Spannung}}{\text{Strom}} \quad \text{und nicht} \quad = \frac{\text{Spannung}}{\text{Stromstärkeeinheit}}.$$

In Produkten findet man den fälschlichen Zusatz "-einheit"
eigentlich niemals, z.B.:

$$\text{Leistung} = \text{Kraft·Geschwindigkeit} \quad \text{und nicht}$$
$$\text{Leistung} = \text{Kraft·Geschwindigkeitseinheit}.$$

Der Fehler, der durch solche Unkorrektheiten auftreten kann,
wird am folgenden Beispiel klar:
Bei einem Bagger betrage die Fördermenge pro Stunde achtzig
Kubikmeter. Schreibt man diese sprachlich durchaus übliche
Formulierung in Form eines Größenausdruckes

$$\frac{\text{Fördermenge}}{\text{Stunde}} = 80\,\text{m}^3,$$

so ist das falsch, denn ein Größenausdruck läßt sich nach den
üblichen mathematischen Regeln behandeln, d.h. man würde z.B.
nach Division der Gleichung durch 8 auf der linken Seite die
Fördermenge pro 8 Stunden erhalten, die dann aber nicht mehr
mit dem Ergebnis der rechten Seite übereinstimmt:

$$\frac{\text{Fördermenge}}{8\ \text{Stunden}} = \frac{80\,\text{m}^3}{8} = 10\,\text{m}^3.$$

Der Fehler liegt darin, daß man Größen, Einheiten und reine
Zahlen in unkorrekter Weise im Sinne einer physikalischen
Gleichung zusammenfaßt. Korrekt müssen zunächst reine Größen-
ausdrücke gebildet werden, d.h. der falsche Quotient "Förder-
menge/Stunde" muß richtig "Fördermenge/Zeit" lauten, für den
auch eine neue Größe, z.B. Fördergeschwindigkeit eingeführt
werden kann. In diesen Größenausdruck müssen dann für die
einzelnen Größen die Produkte aus Zahlenwert und Einheit eingesetzt werden:

$$\text{Fördergeschwindigkeit} = \frac{\text{Fördermenge}}{\text{Zeit}} = \frac{80\text{m}^3}{\text{h}} = \frac{8 \cdot 80\text{m}^3}{8\text{h}}$$

      (Größe)   (Definition   (Größen durch das Pro-
                                      durch Größen) dukt Zahlenwert mal
                                              Einheit ersetzt).

Eine Größengleichung darf also zunächst nur Größen enthalten.

Beispiel:

$$\text{Leistung} = \text{Kraft} \cdot \text{Geschwindigkeit}; \quad P = Fv = F\frac{ds}{dt}$$

Diese Gleichung muß selbstverständlich auch dimensionsmäßig erfüllt sein, d.h. ersetzt man in der Gleichung die Größen durch ihre Dimensionen, so muß auf beiden Seiten die gleiche Dimension bzw. das gleiche Potenzprodukt der Basisdimensionen stehen.

Beispiel:

$$\dim(\text{Leistung}) = \dim(\text{Kraft}) \cdot \dim\left(\frac{\text{Länge}}{\text{Zeit}}\right)$$

Diese Dimensionsgleichung ist richtig, denn es gilt:

$$\dim(\text{Leistung}) = \dim\left(\frac{\text{Arbeit}}{\text{Zeit}}\right) = \dim\left(\frac{\text{Länge} \cdot \text{Kraft}}{\text{Zeit}}\right).$$

Soll die Gleichung quantitativ ausgewertet werden, so ersetzt man die einzelnen Größen in dieser Größengleichung durch das Produkt Zahlenwert mal Einheit. In der nachfolgenden Rechnung werden die Einheiten wie die Zahlenwerte als algebraische Größen behandelt, so daß sich das Ergebnis ebenfalls wieder als Produkt Zahlenwert mal Einheit ergibt.

Beispiel:

Eine Kraft $F = 10\,\text{N}$ wird mit der Geschwindigkeit $v = 10\frac{\text{m}}{\text{s}}$ bewegt. Die Leistung beträgt dann:

$$P = Fv = 10N \cdot 10\frac{m}{s} = 100\frac{Nm}{s}.$$

Man kann beliebige Einheiten wählen, ohne daß dadurch das Ergebnis falsch wird.

Beispiel:
F soll statt in N in kN eingesetzt werden ($10N = 10 \cdot 10^{-3}kN$):

$$P = Fv = 10^{-2}kN \cdot 10\frac{m}{s} = 10^{-1} \frac{kNm}{s} .$$

Man kann auch sehr leicht ein Ergebnis von einer Einheit in eine andere umrechnen. Da die Einheiten mathematisch wie algebraische Faktoren behandelt werden, braucht man nur die algebraische Beziehung zwischen den beiden auszutauschenden Einheiten einzusetzen.

Beispiel:
Die Leistung soll statt in Nm/s in W angegeben werden:

$$1W = 1\frac{Nm}{s} \quad : \quad P = 10^{-1} \frac{kNm}{s} = 10^{-1} \cdot 10^3 \frac{Nm}{s} = 10^{-2}W.$$

Zusammenfassend läßt sich sagen:

1) Die Größengleichung muß dimensionsmäßig erfüllt sein.

Beim Aufstellen neuer Gleichungen sollte man immer eine Dimensionsrechnung (Dimensionsanalyse) durchführen, um zu kontrollieren, ob bei der Ableitung der Gleichung kein Fehler unterlaufen ist.

2) Die Größengleichung muß erfüllt sein, wenn man alle Größen durch ihr Produkt Zahlenwert mal Einheit ersetzt. Die Wahl der Einheiten kann dabei beliebig erfolgen.

<u>Der Vorteil</u> der Größengleichungen liegt darin, daß man beliebige Einheiten verwenden kann und daß sie für jedes beliebige Dimensionssystem richtig sind. Man kann also eine Größengleichung angeben, ohne gleichzeitig erklären zu müssen, auf welches Einheiten- und Dimensionssystem sich diese Gleichung bezieht.

<u>Der Nachteil</u> der Größengleichungen besteht darin, daß man bei der Auswertung immer das Produkt Zahlenwert mal Einheit einsetzen und für beide Faktoren die Rechnung durchführen muß. Der Rechenaufwand ist deshalb größer als der mit reinen Zahlenfaktoren. Muß eine Gleichung in der Praxis sehr häufig gelöst werden, so sind die Einheiten der Größen oft festgelegt, so daß man sich die Rechnung für die Einheiten sparen kann, wenn man eine besondere Form der Größengleichung aufstellt, nämlich die zugeschnittene Größengleichung oder die reine Zahlenwertgleichung.

1.7.2. <u>Zugeschnittene Größengleichung</u>

In der zugeschnittenen Größengleichung werden die Größen durch ihre Einheiten dividiert angegeben. Diese Quotienten stellen definitionsgemäß reine Zahlenwerte dar.

Eine solche zugeschnittene Größe erhält man, wenn die Definitionsgleichung der Größe

$$\text{Größe} = \text{Zahlenwert} \cdot \text{Einheit}$$

durch die Einheit dividiert wird:

$$\frac{\text{Größe}}{\text{Einheit}} = \text{Zahlenwert}.$$

Die zugeschnittene Größengleichung wird aus der Größengleichung
entwickelt, indem man die einzelnen Größen mit den gewählten
Einheiten erweitert:

$$\text{Größe} = f\left[\text{Größen}\right] = f\left[\left(\frac{\text{Größen}}{\text{Einheiten}}\right)\text{Einheiten}\right].$$

Beispiel:

$$P = Fv = \frac{F}{(N)}\ (N)\cdot\frac{v}{(m/s)}(m/s)$$

Während dann die bei jeder Größe im Nenner stehende Einheit
der Größe zugeordnet wird, faßt man die jeweils im Zähler
stehenden Einheiten - indem man sie als algebraische Faktoren
betrachtet - zu einem gemeinsamen Potenzprodukt von Einheiten
zusammen.

Beispiel:

$$P = \frac{F}{(N)}\cdot\frac{v}{(m/s)}\ \left(\frac{Nm}{s}\right)$$

Dieses Potenzprodukt der Einheiten kann nun noch beliebig um-
geformt oder in andere Einheiten umgerechnet werden. Es kann
als Faktor hinter die Gleichung oder als Divisor unter die
Ergebnisgröße geschrieben werden. In beiden Fällen bezeichnet
es die Einheit für den Zahlenwert des Ergebnisses, der sich
aus den Zahlenwerten der einzelnen Gleichungsglieder - Größe
durch Einheit - errechnet.

Beispiel:

$$P = \frac{F}{(N)}\cdot\frac{v}{(m/s)}\ \left(\frac{Nm}{s}\right)\quad \text{oder}\quad \frac{P}{(Nm/s)} = \frac{F}{(N)}\cdot\frac{v}{(m/s)}$$

Eine solche zugeschnittene Größengleichung hat den Vorteil,
daß man ähnlich wie bei einer reinen Zahlenwertgleichung nur
mit den Zahlen zu rechnen braucht. Im Gegensatz zu letzterer
ist aber aus der zugeschnittenen Größengleichung direkt zu

ersehen, auf welche Einheiten bezogen die Zahlenwerte der einzelnen Größen einzusetzen sind, so daß diese Einheiten leicht und übersichtlich durch andere ersetzt werden können.

Beispiel:

Die Geschwindigkeit soll nicht in m/s, sondern in km/h eingesetzt, die Leistung aber unverändert in Nm/s errechnet werden:

$$1m = 10^{-3}km \quad ; \quad 1s = \frac{1h}{3600}$$

$$\frac{P}{(Nm/s)} = \frac{F}{(N)} \cdot \frac{v}{(m/s)} = \frac{F}{(N)} \cdot \frac{v}{(10^{-3}km)/(h/3600)}$$

$$\frac{P}{(Nm/s)} = \frac{1}{3,6} \cdot \frac{F}{(N)} \cdot \frac{v}{(km/h)} .$$

Wichtig ist, daß man auch beim Entwickeln oder Verändern von zugeschnittenen Größengleichungen immer die Definition Größe = Zahlenwert mal Einheit im mathematischen Sinne beachtet. Faßt man dann Größen, Zahlenwerte und Einheiten als algebraische Faktoren auf, lassen sich alle zugeschnittenen Größen mit mathematischen Regeln übersichtlich umformen.

Beispiel:

$v = 10cm/s$ soll als zugeschnittene Größe in km/h geschrieben werden

$$v = 10\frac{cm}{s} = 10\frac{(10^{-5}km)}{(h/3600)} = 0,36\frac{km}{h}$$

oder auch

$$v = 10\frac{cm}{s}; \quad \frac{v}{(km/h)} = 10(\frac{cm}{s})\frac{1}{(km/h)} = 10\frac{cm(3600s)}{s(10^{5}cm)} = 0,36 .$$

Sollen die Einheiten verändert werden, so ändern sich natürlich die Zahlenfaktoren der Gleichung. Das ergibt sich aber zwangsläufig durch die algebraische Rechnung.

Beispiel:

Die Leistung soll in der zugeschnittenen Größengleichung

$$\frac{P}{(Nm/s)} = \frac{1}{3,6} \cdot \frac{F}{(N)} \cdot \frac{v}{(km/h)}$$

nicht in Nm/s, sondern in PS (1PS = 735Nm/s) errechnet werden:

$$\frac{P}{(PS/735)} = \frac{1}{3,6} \cdot \frac{F}{(N)} \cdot \frac{v}{(km/h)} ; \quad \frac{P}{(PS)} = \frac{1}{3,6 \cdot 735} \cdot \frac{F}{(N)} \cdot \frac{v}{(km/h)} .$$

<u>Der Nachteil</u> der zugeschnittenen Größengleichung liegt in der
unübersichtlichen Schreibweise. Statt einzelner Symbole für die
Größen stehen in der Gleichung Quotienten aus Größen durch Einheiten, die beide symbolisch durch Buchstaben dargestellt sind.
Es können leicht die Größensymbole mit den Symbolen der Einheiten verwechselt werden. Bei zugeschnittenen Größengleichungen
sollten daher unterschiedliche Schreibweisen für Einheiten und
Größensymbole eingeführt werden, so daß eine Verwechslung nicht
möglich ist. Nach DIN 1313 sollen Symbole für Größen in schräger
Schrift, Symbole für Einheiten in gerader Schrift dargestellt
werden. Da diese Schreibweise für Hand- oder Schreibmaschinen-
schrift nicht geeignet ist, wurden hier die Einheitensymbole
entgegen DIN in Klammern gesetzt.

1.7.3. <u>Zahlenwertgleichung</u>

Die Zahlenwertgleichung ist eine Schreibweise, die leicht zu
Fehlern führt und die heute kaum noch angewandt wird. Sie folgt
aus der zugeschnittenen Größengleichung, indem die Einheiten
fortgelassen werden.

Beispiel:

Aus der zugeschnittenen Größengleichung

$$\frac{P}{(Nm/s)} = \frac{1}{3,6} \cdot \frac{F}{(N)} \cdot \frac{v}{(km/h)}$$

wird durch Fortlassen der Einheiten die Zahlenwertgleichung

$$P = \frac{1}{3,6} Fv.$$

Man sieht aus diesem Beispiel, daß die Zahlenwertgleichung
ohne weitere Beschreibung nicht ausgewertet werden kann, da
bei gleichen Werten der Größen die in die Gleichung eingesetzten Zahlenwerte von den gewählten Einheiten abhängen.
Die Rechnung liefert daher als Ergebnis einen Zahlenwert, der
nicht eindeutig einer bestimmten Einheit der Ergebnisgröße
zugeordnet werden kann, z.B. ergibt sich

für $F = 10N$ und $v = 10\frac{m}{s}$ $P = \frac{1}{3,6} \cdot 10 \cdot 10 = \frac{100}{3,6}$, dagegen

für $F = 10N$ und $v = 10 \cdot 3,6\frac{km}{h}$ $P = \frac{1}{3,6} \cdot 10 \cdot 10 \cdot 3,6 = 100.$

*Eine Zahlenwertgleichung kann nur ausgewertet werden,
wenn man angibt, in welchen Einheiten die einzelnen
Größen einzusetzen sind und welche Einheit dem Ergebnis zugeordnet ist.*

Das kann auf zwei Arten geschehen:

1) Man gibt das Einheitensystem an, auf das sich die
   Zahlenwertgleichung bezieht. Man hat dann alle Größen
   in den Einheiten dieses angegebenen Einheitensystems
   einzusetzen, d.h. man muß das Einheitensystem genau
   kennen.

2) Man führt in einer Legende zu der Zahlenwertgleichung
   alle verwendeten Größen auf und gibt an, in welchen
   Einheiten sie einzusetzen sind, z.B.:

$$P = \frac{1}{3,6}Fv$$

P : Leistung in Nm/s
F : Kraft in N
v : Geschwindigkeit in km/h.

Daraus ist zu ersehen, daß das Arbeiten mit Zahlenwert-
gleichungen sehr leicht zu Fehlern führt, und man sollte
deshalb weitgehend Größengleichungen oder gegebenenfalls
zugeschnittene Größengleichungen verwenden.

2.   Der elektrische Stromkreis

2.1. Allgemeine Erläuterungen

Bei der Behandlung der vorliegenden Probleme genügt die Betrachtung elementarer elektrischer Ladungsträger in Form von

Elektronen - negativ geladene (e = $-1{,}60 \cdot 10^{-19}$C)
              Elementarteilchen verschwindend kleiner
              Masse (Ruhemasse $m_e = 9{,}1 \cdot 10^{-28}$g) -
              und

Ionen   - Atome, Moleküle oder Molekülteile, die
              mehr oder weniger Elektronen enthalten,
              als zu ihrer Neutralisierung notwendig
              sind. Teilchen mit einer negativen über-
              schüssigen elektrischen Ladung heißen
              Anionen, die mit einer positiven Ladung
              heißen Kationen.

Infolge verschiedener Einflüsse, vor allem der Temperatur, befinden sich diese Ladungsträger im allgemeinen in einer dauernden Bewegung. Wirken keine äußeren Kräfte über die Ladungen auf
deren Träger, so sind diese Bewegungen völlig ungeordnet, so
daß keine resultierende einseitige Bewegungsrichtung der Ladungsträger auftritt; man spricht von einem elektrischen Rauschen.

Führt man bestimmte Zustände herbei, die eine einseitig gerichtete Kraft auf alle Ladungen gleichen Vorzeichens ausüben,
wird den ungeordneten Bewegungen eine einseitig gerichtete Bewegung aller mit gleichnamigen Ladungen behafteten Elementar-
teilchen überlagert, d.h. alle Ladungen gleicher Polarität bewegen sich in einer bestimmten Richtung - sie "fließen" in
einer bestimmten Richtung -.

*Bewegen sich gleichnamige Ladungsträger in einer be-
stimmten Richtung, so spricht man von einer elektrischen Strömung bzw. davon, daß ein elektrischer Strom
fließt.*

Elektronenströme

In den meisten Metallen befinden sich sogenannte "freie Elektronen", die nur sehr lose an einen Atomverband gebunden sind.
Wird in solch einem metallischen Leiter ein Zustand einseitig
gerichteter Kraftwirkung auf die Ladungsträger herbeigeführt,
so bewegen sich diese freien Elektronen in eine bestimmte
Richtung - man spricht davon, daß ein Elektronenstrom fließt.

*Beim Elektronenstrom handelt es sich um die Strömung
elektrischer Ladung ohne nennenswerten Materietransport.*

Der Mechanismus der Elektronenströmung ist kompliziert und
soll in vorliegender Einführung nicht betrachtet werden. Hier
genügt die pauschale bildliche Vorstellung, daß die nahezu
masselosen und gegenüber den Atomverbänden verschwindend klei-
nen Elektronen vergleichbar einer Art Elektronengas inkompressibel durch die feststehende Struktur der Atomverbände
strömen. Da dieses einfache Modell des Leitungsmechanismus
im Rahmen der Grundlagen nicht zu Widersprüchen führt, ist es
aus ökonomischen Gründen komplizierteren, umfassenderen Mo-
dellen vorzuziehen.

Ionenströme

In sehr vielen Flüssigkeiten befinden sich keine "freien
Elektronen", wohl aber Ionen, die als positive oder negative Ladungsträger wirken. Führt man hier einen Zustand herbei, bei dem einseitige Kraftwirkungen auf gleichnamige Ladungsträger ausgeübt werden, so bewegen sich alle Ionen
gleicher Polarität in gleicher Richtung. Die Ionen strömen
also durch die Flüssigkeit - man spricht davon, daß ein Ionenstrom fließt -.

*Bei der Ionenströmung ist mit der Ladungsströmung
auch eine merkliche Materieströmung verbunden.*

Im Gegensatz zu den metallischen Medien, die durch das Fließen
des Elektronenstromes nicht verändert werden, können sich
Elektrolyte infolge der Ionenströmung chemisch verändern. Dabei kann es zu einem praktisch nutzbaren Materietransport
kommen, z.B. in galvanischen Bädern.

Ursache und Wirkung der elektrischen Strömung

Die Kraftwirkung auf die Ladungsträger als Ursache einer elektrischen Strömung wird einem besonderen Raumzustand zuge-
schrieben, der als elektrisches Feld bezeichnet wird. Ohne
auf den Mechanismus seiner Entstehung einzugehen, sei zunächst behauptet, daß dieser Zustand in einem Gebiet immer
dann auftritt, wenn über die-
sem Gebiet eine elektrische
Spannung gemessen wird.

Eine elektrische Strömung, d.h.
bewegte Ladungen, können durch
die menschlichen Sinne nicht
direkt, sondern nur über die
von dieser hervorgerufenen
Wirkung indirekt wahrgenommen
werden. Die praktisch wichtigsten Wirkungen der elektrischen Strömung sind

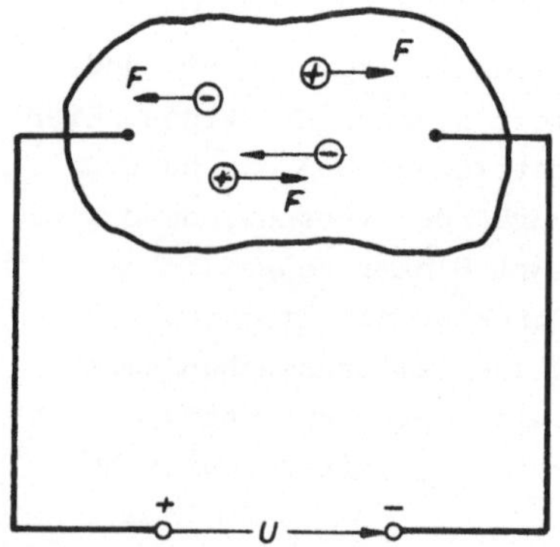

Bild 4: Kraft auf Ladungen im
Leitungsgebiet

magnetische: in der Umgebung bewegter Ladungen wird
ein magnetisches Feld aufgebaut, das sich
z.B. durch Kraftwirkung auf ferromagneti-
sche Stoffe äußert,

thermische : das Medium, welches elektrisch durchströmt
wird, erwärmt sich,

<u>chemische</u> : bestimmte Flüssigkeiten - Elektrolyte -
werden infolge der Ladungsströmung
chemisch verändert.

Der elektrische Stromkreis

Wenn auch die pauschalen Betrachtungen, nach denen analog zur
Hydromechanik von fließenden Elektrizitätsmengen (Ladungen)
die Rede ist, physikalisch nicht immer haltbar sind, so haben
sie doch den Vorteil der großen Anschaulichkeit und führen
bei den hier betrachteten Problemen zu keinen Fehlschlüssen.

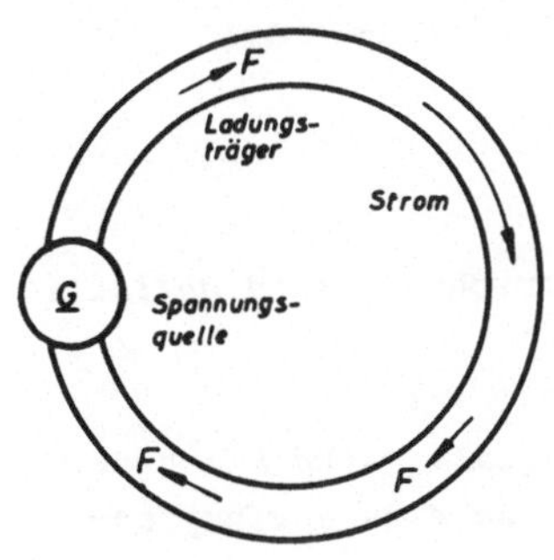

Bild 5: Stromkreis

Verbindet man die Pole einer
Spannungsquelle durch einen
Leiter, so werden in diesem
infolge des erwähnten Zustan-
des Kraftwirkungen auf die
Ladungsträger ausgeübt. Dadurch bewegen sich diese entlang des Leiters fort, d.h.,
es fließt ein Strom. Der elektrische Strom ist also eine
gerichtete Bewegung der Ladungsträger, die durch eine
Spannung verursacht wird. Damit wird auch klar, daß die Ladung in einem geschlossenen Kreislauf fließen muß, d.h. sie
fließt auch durch die Spannungsquelle hindurch, sie wird
also weder erzeugt noch verbraucht.

*Die Spannungsquelle ist die ausgezeichnete Stelle
innerhalb eines geschlossenen Kreises, in der sich
die treibende Kraft befindet, die den Kreislauf der
Ladungsträger verursacht.*

Je nach Art der Spannungsquelle und der Leiter kann es sich
um Elektronen- oder Ionenströme handeln. Es ist auch möglich,
daß die elektrische Strömung im Verlauf eines geschlossenen
Kreises ihren Charakter wechselt. Z.B. findet in einem chemischen Element eine Ionenströ-
mung statt, in dem angeschlos-
senen äußeren Stromkreis aus
metallischen Leitern dagegen
eine Elektronenströmung.

Ist die Spannungsquelle ein
elektrischer Induktionsgene-
rator, so fließen auch in ihrem
Innern Elektronenströme.

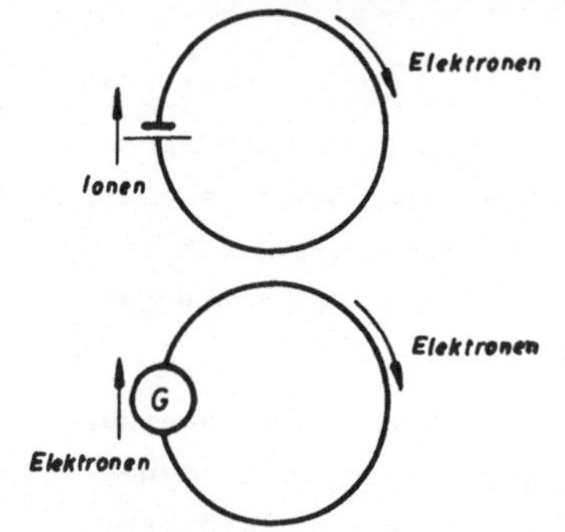

Bild 6: Elektronen- und Ionenströme

Polarität und Stromrichtung

Die Polarität der Spannung und die Stromrichtung sind definitiv
wie folgt festgelegt:

*Die Klemmen einer Gleichspannungsquelle sind mit plus
und minus gekennzeichnet, wobei plus eine Häufung positiver Ladungsträger an diesem Pol und minus die
Häufung negativer Ladungsträger bedeutet.*

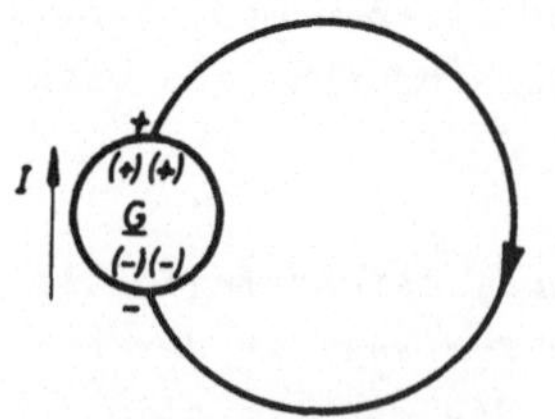

Verbindet man diese Klemmen durch
einen Leiter, so fließt ein Strom,
d.h., positive Ladungsträger
fließen vom positiven zum negativen Pol bzw. negative Ladungsträger vom negativen zum positiven.

Bild 7: Polarität und Stromrichtung

*Der Strom im <u>äußeren</u> Stromkreis fließt definitions-
gemäß von plus nach minus.*

Damit ergibt sich zwangsläufig, daß der Strom im Inneren der Spannungsquelle von minus nach plus fließt.

Mit dieser festgelegten Stromrichtung ist nur die Bewegungsrichtung positiver Ladungsträger identisch, negative Ladungsträger hingegen bewegen sich entgegen dieser angenommenen Stromrichtung. Daraus folgt, daß in metallischen Leitern die tatsächliche Ladungsbewegung entgegen der angenommenen Stromrichtung erfolgt.

> *Die Richtung des elektrischen Stromes ist definitionsgemäß entgegengesetzt der Richtung des Elektronenstromes, also der Driftbewegung der elektrischen Ladung in metallischen Leitern.*

2.2. Ladungsströmung und Ladungsgeschwindigkeit

In der vorliegenden Einführung werden nur Vorgänge betrachtet, bei denen sich die Zustände zeitlich so langsam ändern, daß durch alle Querschnitte entlang eines unverzweigten geschlossenen Stromkreises eine gleich große Ladungsmenge pro Zeit (der gleiche Strom) fließt. Man kann also die Ladungsträger als eine Art inkompressibles Gas betrachten. Erreicht in der Spannungsquelle eine bestimmte Ladungsmenge dQ in der Zeit dt die Plusklemme, so muß in derselben Zeit eine gleichgroße Ladung von der Plusklemme in Richtung Verbraucher abfließen. Das gleiche gilt für jeden Querschnitt in Spannungsquelle, Verbraucher und Verbindungsleitungen, d.h., an jeder Stelle des Stromkreises bewegt sich in derselben Zeit dt die gleiche, nicht dieselbe, Ladungsmenge dQ durch den Querschnitt.

Die Ladungsgeschwindigkeit v, also der Weg pro Zeit dl/dt, mit der sich die Ladung dQ längs des Stromkreises bewegt, ist nicht mehr an jeder Stelle des Stromkreises die gleiche, wie folgende Betrachtung zeigt. In Bild 8 ist ein Leiterstück als Ausschnitt aus einem Stromkreis skizziert. Der Querschnitt $A(1)$

$$I = \frac{dQ}{dt} = \text{konst.}$$

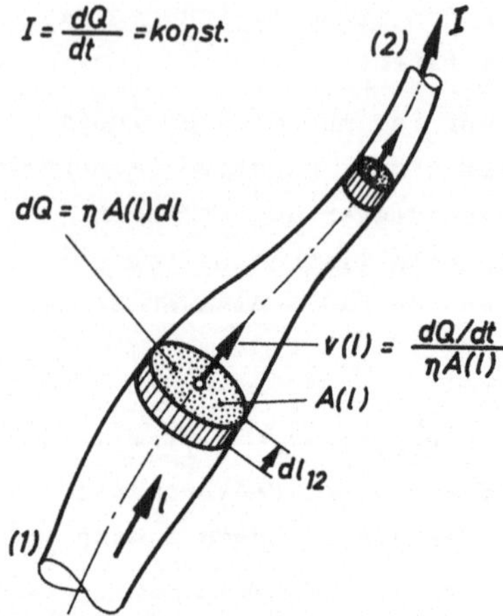

Bild 8: Ladungsströmung bzw. Strom dQ/dt=I und Ladungsgeschwindigkeit in einem Leiter mit einem über l veränderlichen Querschnitt A(l)

senkrecht zur Längsachse ändere seinen Wert über die Länge l.

Die <u>Ladungsdichte</u>

$$\eta = \frac{dQ}{dV} = ne, \qquad (1)$$

das ist die Ladung pro Volumen V als Produkt aus der Zahl n der freibeweglichen Ladungsträger pro Volumen und der Elementarladung e, sei als konstant angenommen. Eine Ladungsmenge dQ füllt dann ein Leitervolumen

$$A(l)\ dl = \frac{dQ}{\eta}$$

aus. Ändert sich der Querschnitt A(l) entlang der Leiterlänge l, erstreckt sich die Ladungsmenge dQ über eine querschnittsabhängige Länge

$$dl = \frac{1}{\eta A(l)} dQ.$$

Durchströmt diese Ladungsmenge dQ in der Zeit dt den Querschnitt A(l), so ergibt sich die <u>Ladungsgeschwindigkeit</u>

$$v = \frac{dl}{dt} = \frac{1}{\eta A(l)} \frac{dQ}{dt}$$

bei konstanter <u>Ladungsströmung</u> dQ/dt abhängig vom Querschnitt A(l). Für die Ladungsströmung dQ/dt wurde die elektrische Größe <u>Strom</u> mit dem Symbol I eingeführt.

$$I = \frac{dQ}{dt} = \eta Av. \qquad (2)$$

Die Bewegung der Ladung in einem Leiter wird durch die beiden Größen <u>Ladungsströmung</u> und <u>Ladungsgeschwindig-</u>

keit beschrieben.

Die Ladungsströmung dQ/dt, allgemein als elektrischer Strom I=dQ/dt bezeichnet, ist in einem bestimmten Querschnitt A definiert als die Ladungsmenge dQ, die in der Zeit dt diesen Querschnitt durchfließt.

Die Ladungsgeschwindigkeit v ist definiert als Weg pro Zeit, den die Ladungsträger in Längsrichtung des Leiters durchlaufen.

Bei konstanter Ladungsströmung (Strom) ist die Ladungsgeschwindigkeit von dem Leiterquerschnitt abhängig.

2.3. Stromdichte und Strom

Wie in 2.5. näher erläutert, sind die Vorgänge in der Mikrostruktur, die z.B. die Strömungsverluste - Stromwärmeverluste - verursachen, nicht von der Ladungsströmung, sondern von der Ladungsgeschwindigkeit abhängig. In der Praxis ist daher neben der Ladungsströmung vor allem auch die Ladungsgeschwindigkeit von Bedeutung, z.B. um die spezifischen Verluste zu berechnen. Es wurde daher eine weitere elektrische Größe eingeführt, die elektrische Stromdichte S.

$$S = \frac{I}{A} = \eta v \tag{3}$$

Die Stromdichte ist als Strom pro Fläche definiert. Sie ist proportional der Ladungsdichte und der Ladungsgeschwindigkeit in der Bezugsfläche.

Kann man die Strömung der Ladungsträger senkrecht durch die Fläche A nicht als homogen annehmen, sind die nach Gl.(3) berechnete Stromdichte bzw. die ihr entsprechende Ladungsgeschwindigkeit nur als Mittelwert anzusehen. Unterschiedliche Stromdichten können sich in einer Fläche beispielsweise durch

Inhomogenitäten des Leitermaterials oder unterschiedliche
Kraftwirkungen (elektrische Feldstärke) auf die Ladung ergeben.

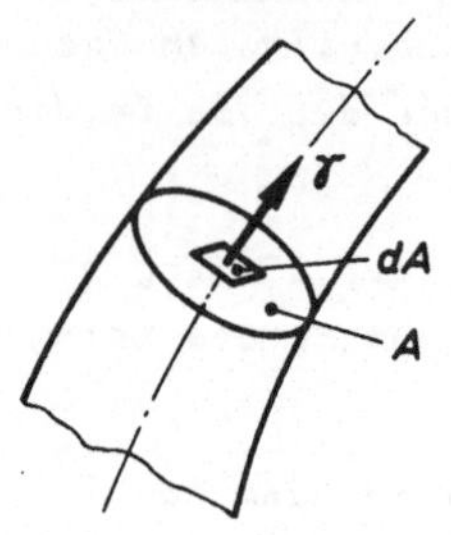

Bild 9: Unterteilung
eines Leiterquerschnit-
tes A in Querschnitts-
elemente dA

Zur allgemeingültigen Beschreibung der
Strömungsvorgänge in einem Leiter muß
die Fläche A eines Querschnittes, wie
in Bild 9 dargestellt, in so kleine
Teilflächen dA unterteilt werden, daß
über diese Teilflächen jeweils eine
konstante Ladungsgeschwindigkeit angenommen werden kann. Durch jede dieser
Teilflächen dA fließt dann der Teil-
strom

$$dI = SdA = \eta\, vdA,$$

und der Strom durch den Querschnitt A ergibt sich durch Integration aller Teilströme zu

$$I = \int_A dI = \int_A SdA. \tag{4}$$

Diese Gleichung gilt allerdings nur, wenn die Ladungsgeschwindigkeit bzw. die Stromdichte über die ganze Fläche A senkrecht
zu ihr verläuft, was in den hier betrachteten Leitungsgebieten zutrifft, in denen die Ladungsströmung immer in Leiterlängsrichtung senkrecht zum Querschnitt angenommen wird.
Grundsätzlich kann die Ladungsgeschwindigkeit aber in einer
beliebigen räumlichen Richtung verlaufen, so daß die Stromdichte wie die Ladungsgeschwindigkeit Vektorcharakter hat

$$\vec{S} = \eta\, \vec{v}. \tag{5}$$

Die Gl.(4) muß daher allgemeingültig als Integral eines Vek-
torproduktes geschrieben werden (s.Bd.2, 4.3.).

*Die Stromdichte S ist als Ladungsströmung dQ/dt pro
Fläche bzw. Strom I pro Fläche definiert. Sie ergibt
sich als Produkt aus der Ladungsgeschwindigkeit und
der Ladungsdichte. Die Stromdichte ist wie die Ladungsgeschwindigkeit ein Vektor, der bei homogenen,
dünnen Leitern in Richtung der Leiterlängsachse und
der Bewegung positiver Ladungen liegt.*

Im Gegensatz zur Vektorgröße der Stromdichte ist der Strom
als Ladung pro Zeit eine skalare Größe. Neben diesem skalaren
Wert, der angibt, welche Ladungsmenge pro Zeit durch einen
Querschnitt fließt, ist für viele Probleme auch noch von Bedeutung, in welcher Richtung der Querschnitt durchströmt wird,
d.h. wie die Stromrichtung im Leiter ist. Man hat daher dem
Strom einen Zählpfeil zugeordnet, der die Richtung der Ladungsströmung in einer Fläche charakterisiert.

*Die Angabe eines Stromes durch eine Fläche bzw. in
einem Leiter ist nur eindeutig im Zusammenhang mit
einem Zählpfeil, der die Richtung der Ladungsströmung
in dieser Fläche andeutet. Die Richtung des Stromzählpfeiles ist so definiert, daß er bei positiven Werten
des zugehörigen Stromes die resultierende Richtung der
Strömung positiver Ladungen durch diese Fläche angibt.
Bei negativen Werten des Stromes ist die resultierende
Strömung positiver Ladung durch eine Fläche entgegengesetzt der Richtung, die der zugehörige Stromzählpfeil durch diese Fläche andeutet.*

In den obigen Erläuterungen wurden die Ladungsströmung über
die infinitesimale Zeitspanne dt und die Ladungsgeschwindigkeit aus dl/dt ermittelt. Damit gelten die Definitionen allgemein für einen beliebigen Zeitpunkt, also auch dann, wenn
die Größen der Ladungsgeschwindigkeit und damit die für
Stromdichte und Strom Funktionen der Zeit sind.

$$S(t) = \eta v(t) \tag{3a}$$

$$I(t) = \int_A S(t)\,dA = \int_A \eta v(t)\,dA \tag{4a}$$

Ein allgemeingültiger Zusammenhang zwischen der Stromdichte und dem Stromzählpfeil, der auch für inhomogene Felder bei vektorieller Darstellung der Stromdichte und der Bezugsfläche gilt, wird in Bd. 2, 4.3. erläutert.

Ändern sich die Größen sehr schnell mit der Zeit, so kann man nicht mehr grundsätzlich davon ausgehen, daß sie sich in jedem Querschnitt eines räumlich ausgedehnten Stromkreises im gleichen Zeitpunkt gleichartig ändern. Das ist bedingt durch die endliche Ausbreitungsgeschwindigkeit der Vorgänge, die Ursache für die Ladungsbewegungen sind. Ohne hier auf eine Erläuterung eingehen zu können, sei die Vorstellung vermittelt, daß bei sehr schnellen zeitlichen Änderungen der elektrischen Vorgänge diese sich nicht mehr gleichzeitig auch an jeder Stelle eines räumlich ausgedehnten Stromkreises in der elektrischen Feldstärke und damit in der durch sie bestimmten Ladungsgeschwindigkeit auswirken. Z.B. gilt beim Einschalten eines Stromkreises für die Betrachtung extrem kleiner Zeiten nicht mehr, daß die Feldstärke im Augenblick des Schaltens auch an jeder Stelle des Stromkreises gleichzeitig auftritt und die Ladungsträger sich entlang des ganzen Stromkreises gleichzeitig in Bewegung setzen.

Unabhängig von dem zeitlichen Verlauf der Ladungsströmung, d.h. des Stromes $I(t) = \eta A v(t)$, hat diese zu jedem Zeitpunkt dt in jedem Querschnitt eines geschlossenen unverzweigten Stromkreises den gleichen Wert, solange die räumliche Ausbreitungsgeschwindigkeit der Antriebskräfte, die die Ladungsgeschwindigkeit bestimmen, also die der elektrischen Feldstärke, vernachlässigt werden kann.

2.3.1. Dimensionen und Einheiten von Strom und Ladung

Wählt man die elektrische Ladung als Basisdimension, so ergibt sich für die elektrische Stromstärke die abgeleitete
Dimension "Ladung/Zeit". Wählt man dagegen die Stromstärke
als Basisdimension, so ergibt sich die abgeleitete Dimension
der Ladung zu "Strom·Zeit".

	Möglichkeit I	Möglichkeit II
dim(Q)	= dim(Ladung)	= dim(Strom·Zeit)
dim(I)	= dim(Ladung/Zeit)	= dim(Strom)

Im Zusammenhang mit dem M K S A - System wird im allgemeinen
der Strom als Basisdimension gewählt.

Der Einheit des Stromes wurde die besondere Bezeichnung

$\qquad$ Ampere - Symbol A -

zugeordnet, die in den meisten heute gebräuchlichen Einheiten-
systemen als Basiseinheit gewählt wurde.

Die Einheit der Ladung ergibt sich damit zwangsläufig als abgeleitete Einheit, die ebenfalls durch einen besonderen Namen,
das

$\qquad$ Coulomb - Symbol C -,

entsprechend der Definition

$$1C = 1A \cdot 1s$$

bezeichnet wird. Diese Einheit ist für praktische Gegebenheiten übersichtlicher zu handhaben als die Elementarladung
des Elektrons, die sich aus rein physikalischer Sicht natürlich zunächst zur Definition einer Basiseinheit anbieten würde. Der Zusammenhang zwischen der definitiv festgelegten La-
dungseinheit und der natürlich gegebenen Elementarladung e
des Elektrons beträgt

$$e = -1,60 \cdot 10^{-19} C.$$

In den <u>M K S A - System - Einheiten</u> (siehe 1.6.1.) ist die
Basiseinheit des Ampere wie folgt definiert:

> Ein konstanter Gleichstrom von 1 Ampere bewirkt zwischen
> zwei unendlich langen Leitern mit vernachlässigbarem
> Querschnitt, die geradlinig mit einem Meter Abstand im
> Vakuum parallel angeordnet sind, eine Kraft von
> $2 \cdot 10^{-7} kgm/s^2$ pro Meter Länge.

Für die praktische Handhabung wird diese Definition des Ampere
mit Hilfe sogenannter Stromwaagen dargestellt, die die Anzie-
hungskraft zweier stromdurchflossener Spulen messen.

In den <u>Internationalen Einheiten</u> (siehe 1.6.1.) wurde 1908 das
Ampere über die chemische Wirkung des Stromes definiert:

> Ein konstanter Gleichstrom von 1 Ampere ($1A_{int}$) schei-
> det in 1 Sekunde aus einer wäßrigen Lösung von Silber-
> nitrat 1,118mg Silber aus.

Damit ist auch in diesem Einheitensystem das Ampere als Basiseinheit festgelegt. Quantitativ unterscheidet es sich nur unwesentlich von dem des M K S A - Systems ($1A_{int}$ = 0,99985A).

2.3.2. <u>Stromstärke und Ladungsgeschwindigkeit bei Elektronen-
strömung</u>

Die Ladungsdichte infolge der freien Elektronen in einem metallischen Werkstoff beträgt:

$$\eta = ne \approx 10^{23} \frac{-1,6 \cdot 10^{-19} C}{cm^3} = -1,6 \cdot 10^{4} \frac{As}{cm^3} \ .$$

Diese Ladung der Elektronen innerhalb metallischer Leiter
tritt nach außen nicht in Erscheinung, da sie durch die positive Ladung der Protonen neutralisiert wird. Nach Gl.(3)
ergibt sich für den Zusammenhang zwischen Ladungsgeschwindigkeit v und Stromdichte S die zugeschnittene Größengleichung

$$|v| = \left|\frac{S}{ne}\right| = \frac{S}{16\cdot 10^3}(\frac{cm^3}{As}) = 0,0625\cdot 10^{-3}\frac{S}{(A/mm^2)}(m/s)\ .$$

In der Energietechnik betragen die üblichen Stromdichten in den Leitern etwa $(1 \div 10)A/mm^2$. Diesen Stromdichten entspricht eine Ladungsgeschwindigkeit, d.h. eine Driftgeschwindigkeit der Elektronen in Leiterlängsrichtung, von

$$v = 0,0625\cdot 10^{-3}\frac{(1\div 10)A/mm^2}{(A/mm^2)}(m/s)$$

$$v \approx (0,06\div 0,6)10^{-3}\frac{m}{s}\ .$$

Die Driftgeschwindigkeit der Elektronen in Leiterlängsrichtung ist in metallischen Leitern also äußerst gering und um etliche Zehnerpotenzen kleiner als die Lichtgeschwindigkeit, mit der sich elektrische Vorgänge fortpflanzen. Diese darf nicht mit der Bewegungsgeschwindigkeit der Elektronen verwechselt werden.

Mit Lichtgeschwindigkeit wird entlang eines Leiters der Zustand aufgebaut, der die Kraftwirkung auf die Elektronen ausübt. Bei den gebräuchlichen Leiterlängen setzen sich beim Anlegen einer Spannung alle Elektronen entlang des ganzen Leiters nahezu gleichzeitig in Bewegung, aber mit einer Driftgeschwindigkeit, die in der Größenordnung von Millimetern je Sekunde liegt.

2.4. Die Energiezustände in elektrischen Stromkreisen

Im folgenden seien einfache Stromkreise betrachtet, die aus Spannungserzeuger, kurz Erzeuger genannt, und Widerstand, kurz Verbraucher im Sinne von Spannungsverbraucher genannt, bestehen (s.Bild 10a). Zur Beschreibung der Zustände, die in elektrischen Stromkreisen auftreten können, sind Erzeuger

wie auch Verbraucher, wie in Bild 10b skizziert, idealisiert
als homogene leitfähige Gebiete dargestellt. Dieses leitfähige Gebiet könnte z.B. beim Erzeuger der Kupferdraht der
Wicklung eines Gleichstromgenerators sein, in dem die Spannung
induziert wird, bzw. beim Verbraucher der Widerstandsdraht
eines Heizkörpers. Verbindungsleitungen werden als widerstandslos angenommen, d.h.,in ihnen können sich die Ladungen
kräftefrei bewegen.

Bei der Beschreibung der räumlichen Ladungsbewegungen in den
Leitungsgebieten kann auf die Vektordarstellung verzichtet
werden, da die Leitungsgebiete der hier betrachteten Stromkreise - Widerstände, Spannungserzeuger, Leitungen usw. -
als sehr lang gegenüber ihren Querschnittsabmessungen ange-
sehen werden können. Dann ist es zulässig, die Vorgänge
allein in Abhängigkeit von ihrer
Ausdehnung in Längsrichtung l zu
beschreiben. Man nimmt also linien-
förmige Leitungsgebiete an bzw.
setzt voraus, daß die Vorgänge in
jedem Leiterquerschnitt endlicher
Abmessungen für sich homogen verteilt ablaufen. Jeder räumliche
Punkt entlang eines solchen Linienleiters wird eindeutig durch
eine laufende Koordinate l beschrieben, die mathematisch wie eine
skalare Größe behandelt werden
kann. Die positive Zählrichtung
der Längenkoordinate wird durch
einen Doppelindex angegeben. Für
diesen wird in Anlehnung an die
nachstehend erläuterten Richtungs-
bezeichnungen für Zählpfeile festgelegt, daß die Längenkoordinate
in Richtung von dem im ersten Index
bezeichneten Leiterpunkt zu dem im

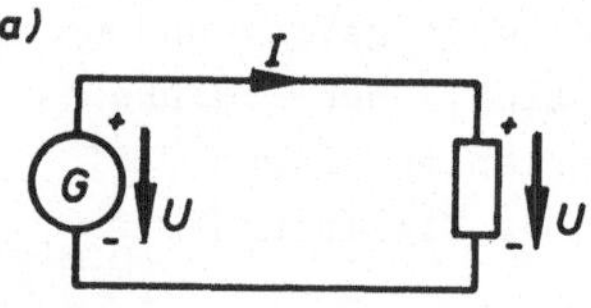

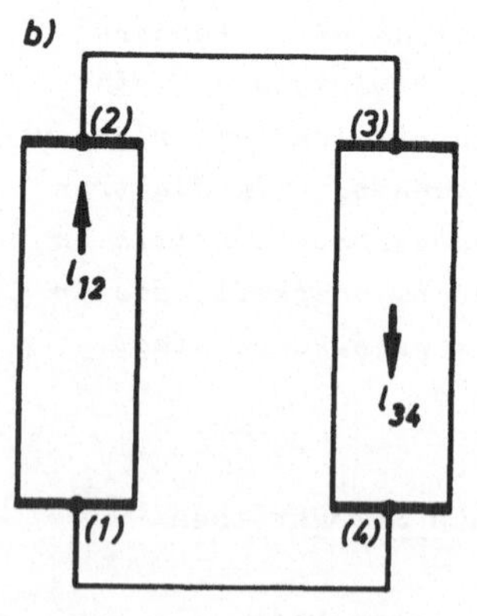

Bild 10: Stromkreis aus Erzeuger und Verbraucher,
a.) Ersatzschaltbild
b.) schematische Darstellung
   mit Zählrichtung

zweiten Index bezeichneten entlang des Leiters positiv gezählt wird (s.Bild 10b). Ähnlich werden alle weiteren Vektor-
größen, die in dem Leitungsgebiet auftreten, wie Kraft,
Geschwindigkeit usw., mathematisch wie skalare Größen behandelt mit der Festlegung, daß sie in der Leiterlängsrichtung
liegen, die von dem im ersten Index bezeichneten Leiterpunkt
zu dem im zweiten bezeichneten festgelegt ist. Z.B. beschreibt

v_{12} die Geschwindigkeit in Leiterlängsrichtung von 1 nach 2

v_{21} die Geschwindigkeit in Leiterlängsrichtung von 2 nach 1

F_{12} die Kraft in Leiterlängsrichtung von 1 nach 2

F_{21} die Kraft in Leiterlängsrichtung von 2 nach 1

usw..

Unter diesen Voraussetzungen dürfen im folgenden für die Ableitung der integralen Größen elektrischer Stromkreise wie
Spannung, Potential usw., die allgemeingültig korrekt über
die Vektorbegriffe der Feldtheorie definiert sind, die Vek-
toren mathematisch wie Skalare behandelt werden.

In dem in Bild 11 dargestellten Erzeuger wirken in dem Leitungsgebiet auf positiv angenommene Ladungen Q Kräfte F_{i12}
in Längsrichtung von (1) nach (2). Diese Kräfte könnten z.B.
in einem Gleichstromgenerator durch die Bewegung eines Leiters in einem Magnetfeld erzeugt werden oder in einem Akkumulator chemischen Ursprungs sein. Infolge dieser eingeprägten Kräfte F_i würden sich positive Ladungen von (1) nach
(2) bewegen und dadurch eine Trennung der ungleichnamigen
Ladungen bewirken. Die Polflächen des Leitungsgebietes werden
bei (2) gegenüber (1) positiv geladen erscheinen, der Spannungserzeuger hätte bei (2) seinen Plus- und bei (1) seinen
Minuspol.

Als Folge der Ladungstrennung werden aber auf die Ladungen im
Leitungsgebiet auch Coulombkräfte $F_{\varphi 21}$ ausgeübt, die auf positive Ladungen in Richtung zum negativen Pol (1) hin - also

den eingeprägten Kräften F_{i12} entgegen - gerichtet sind.
Für die Probleme, die in den Grundlagen behandelt werden,
können Beschleunigungen außer acht gelassen werden, d.h.,
in den folgenden Betrachtungen werden die kinetischen Ener-
gien der Ladungsträger vernachlässigt. Bewegt sich infolge
einer eingeprägten Kraft F_{i12} eine Ladung Q um den Weg dl_{12}
(in Richtung von (1) nach (2)), so tritt dabei eine Energie dW
auf, die nach den Grundgesetzen der Mechanik definiert ist

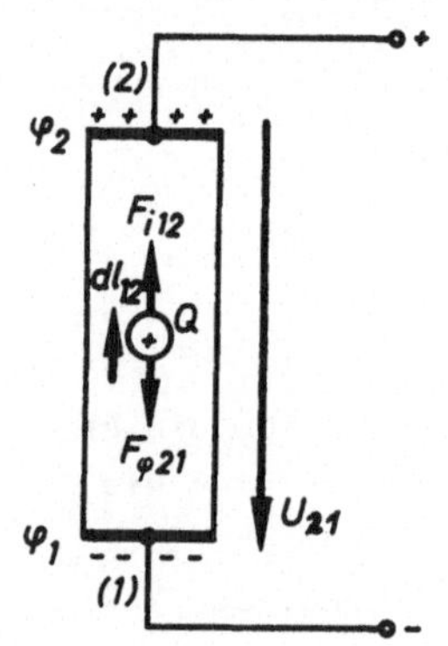

Bild 11: Spannungser-
zeuger

als Produkt aus Kraft und Weg, über
den diese Kraft verschoben wird
$(F_{i12}dl_{12})$. Diese Energie wird über die
eingeprägte Kraft F_i dem Leitungsgebiet,
oder besser der Ladungstrennung, zugeführt und ändert dadurch ihren Energiezustand.

Stellt man sich den Beginn der Ladungstrennung vor, z.B. bei der Inbetrieb-
nahme des Spannungserzeugers, so geht
man von homogen vermischten positiven
und negativen Ladungen aus, also einem
elektrisch neutral wirkenden Leitungsgebiet. Durch eingeprägte Kräfte F_i

wird eine Ladungstrennung herbeigeführt, mit der im gleichen
Maße Coulombkräfte, also mechanische Spannungszustände, entstehen. Der Endzustand - z.B. die Betriebsspannung einer
Spannungsquelle - ist erreicht, wenn die aus der Ladungstrennung resultierenden vom positiven zum negativen Pol gerichteten Kräfte F_φ auf die positive Ladung gerade gleich
groß sind wie die vom negativen zum positiven Pol gerichteten
eingeprägten Kräfte F_i. Ist der Erzeuger nicht belastet
- Leerlauf -, findet dann keine gerichtete Ladungsbewegung
mehr statt, ist er belastet, verläuft die dem Belastungsstrom
entsprechende Ladungsbewegung gleichförmig, d.h. bei wider-
standslosem Leitungsgebiet kräftefrei von Minus- zum Pluspol.

Dem "Spannungszustand", der zwischen den räumlich getrennten

ungleichpoligen Ladungen auf den Polflächen des Leitungsgebietes besteht, wird die zugeführte Energie zugeordnet und in
Analogie zu ähnlichen mechanischen Spannungszuständen der
Gravitation oder gespannter Federn als <u>potentielle Energie</u>
bezeichnet. Zweckmäßigerweise wird sie in dieser Form als
potentielle Energie auch aus den die Ladungstrennung beschreibenden Größen des Leitungsgebietes definiert. Da die zugeführte Energie von der mit F_i gegen die Coulombkräfte F_φ um
dl verschobenen Ladung Q, also der räumlichen Lageänderung
von Q, abhängig ist, kann auch die Änderung der potentiellen
Energie in Abhängigkeit von räumlichen Lageänderungen beschrieben werden. Es bieten sich hierfür die allgemeingültigen mathematischen Methoden der Feldtheorie an, und man bezeichnet daher auch den Spannungszustand in den Leitungsgebieten als <u>elektrisches Feld</u>.

*In einem Spannungserzeuger werden über eingeprägte
Kräfte Ladungstrennungen bewirkt, die ihrerseits
Coulombkräfte in dem Leitungsgebiet verursachen. Man
bezeichnet den durch Kraftwirkungen auf elektrische
Ladungen ausgezeichneten Zustand eines Raumes als
elektrisches Feld.*

Im folgenden seien Spannungsquellen betrachtet, die ihre
konstante Endspannung erreicht haben (s.Bild 11). Auf den
"Polflächen" des Leitungsgebietes befinden sich die positiven
bzw. negativen "Polladungen". Die von den Polladungen im
Leitungsgebiet bewirkten Coulombkräfte F_φ sind gleich groß
wie die eingeprägten Kräfte F_i, aber diesen entgegengerichtet.
Beide Kräfte F_φ und F_i überlagern sich so, daß das resultierende
Kraftfeld im Leitungsgebiet gleich Null ist. Zur Ableitung
der Potential- und Spannungsbegriffe wird aber nicht dieser
resultierende Zustand betrachtet, sondern dessen einzelne
Komponenten, und zwar

1.) die aus der Ladungstrennung abgeleiteten Coulombkräfte (Spannung U) und

2.) die eingeprägten Kräfte F_i (Spannung U_i).

Es sei noch erwähnt, daß die Vorstellung von Endoberflächen
des Leitungsgebietes, auf denen sich konzentriert positive
bzw. negative Ladungen befinden, die somit als Polladungen
bezeichnet werden können, nur sehr bildhaft, aber als quali-
tatives Hilfsmodell nützlich ist. In Wirklichkeit sind die
die Ladungstrennung repräsentierenden Ladungen in komplizier-
ter Weise auf den Oberflächen der Leiter einschließlich Klemmen und Verbindungsleitungen verteilt.

2.4.1. Potential und Spannung

Zur Erläuterung der Potential- und Spannungsbegriffe sei in
einem Erzeuger nach Bild 11 oder 14 eine Ladung Q betrachtet,
die durch ihre Bewegung das Feld der Polladungen nicht verändert. Das könnte man sich bei einem nicht belasteten Erzeuger nach Bild 11 z.B. vorstellen durch die Annahme einer
durch das Polladungsfeld bewegten Punktladung verschwindend
kleiner Ladungsmenge. Bei einem belasteten Erzeuger nach
Bild 14 bewegt sich zwar tatsächlich eine Ladungsmenge nicht
verschwindender Größe durch den Erzeuger, deren Wirkung auf
das Feld der Polladungen aber durch eine gleichgroße feststehende Ladungsmenge entgegengesetzter Polarität kompen-
siert wird, z.B. fließt in dem metallischen Leiter eines
Generators ein Elektronenstrom negativer Ladung durch die
positiv geladene feststehende Gitterstruktur. Betrachtet man
in einer solchen Ladungsströmung eine Teilladung Q, so wird
diese durch ihre Bewegung das Feld der Polladungen ebenfalls
nicht beeinflussen.

Wird also eine Ladung Q infolge der eingeprägten Kraft F_{i12}
entgegen der durch die Polladungen verursachten Feld-
(Coulomb-)Kraft $F_{\varphi 21}$ von (1) nach (2) verschoben, so wird die

über die Kraft F_{i12} zugeführte Energie $W_{12} = \int F_i dl_{12}$ in potentielle Energie umgewandelt, die in dem elektrischen Feld des Erzeugers von der Ladung Q gespeichert wird. Die Ladung hat also durch ihre Bewegung von dem Punkt (1) der Leitung des Erzeugers zum Punkt (2) ihren potentiellen Energiezustand von W_1 auf $W_2 = W_1 + W_{12}$ erhöht. Um unabhängig von dem Wert der Ladung Q deren potentielle Energie innerhalb eines Feldes beschreiben zu können, z.B. das Vermögen einer Spannungsquelle, den sie durchlaufenden Ladungen Energie zuzuführen, wurde die auf die Ladung bezogene Energie eingeführt und als Potential φ bezeichnet.

$$\varphi = \frac{W}{Q} \tag{6}$$

Man kann damit auch die Änderung der potentiellen Energie infolge der Verschiebung einer Ladung zwischen zwei Punkten auf diese Ladung bezogen als Potentialdifferenz angeben. Beträgt z.B. in dem Feld des Leitungsgebietes (Bild 11) die potentielle Energie der Ladung Q am Punkt (1) der Leitung W_1 und am Punkt (2) W_2, so lassen sich den Punkten (1) und (2) die auf die Ladung bezogenen Energiezustände W/Q, d. h. die Feldgrößen $\varphi_1 = W_1/Q$ und $\varphi_2 = W_2/Q$, zuordnen. Man hat für die auf die Ladung bezogene Energieänderung einer Ladung bei ihrer Bewegung zwischen zwei Punkten - z.B. den Polen einer Spannungsquelle - außer der Potentialdifferenz noch den Begriff der elektrischen Spannung

$$U_{21} = \varphi_2 - \varphi_1 = \frac{W_2}{Q} - \frac{W_1}{Q} \tag{7}$$

eingeführt.

Das elektrische Potential ist als Energie pro Ladung definiert. Es ist eine allein dem Feld, d.h. dem räumlichen Punkt eines Raumes, zugeordnete Größe, die mit der Ladung Q in diesem Punkt multipliziert die potentielle Energie des aus dieser Ladung und dem Feld bestehenden Systems ergibt.

*Die elektrische Spannung ist als Potentialdifferenz
zwischen zwei Punkten definiert. Sie beschreibt die
auf die Ladung bezogene Änderung der potentiellen
Energie des Systems bei einer Verschiebung der Ladung
zwischen diesen Punkten.*

Über die absolute Größe des Potentials ist in dem hier be-
sprochenen Beispiel zunächst keine Aussage getroffen. Man
könnte z.B. das Energieniveau beim Eintritt der Ladung in
das Feld des Leitungsgebietes des Erzeugers zu Null annehmen,
dann würde auch das Potential an diesem Punkt Null sein, und
es ergibt sich nach Gl.(7) mit $W_1/Q=\varphi_1=0$ das Potential des
Punktes (2) zu

$$\varphi_2=\varphi_1 + U_{21}=U_{21}.$$

Die Angabe des Potentials φ_P eines Punktes P muß sich immer
auf ein für einen Bezugspunkt geltendes Bezugspotential beziehen und ist nur zusammen mit diesen Angaben eindeutig. Ist
W_o z.B. die potentielle Energie einer positiven Ladung Q in
dem gewählten Bezugspunkt P_o eines Feldes, so beträgt das
Bezugspotential des Feldes in diesem Punkt $\varphi_o=W_o/Q$. Wird
diese Ladung durch eingeprägte Kräfte, also durch Energiezufuhr, in den Punkt P verschoben, so erhöht sich ihr potentieller Energieinhalt von W_o auf W_P. Das den auf die Ladung
bezogenen Energiezustand beschreibende Potential φ_P des Feldes
muß also im Punkt P größer sein als im Punkt 0.

*Der Wert des Potentials eines Punktes ist abhängig
von der Wahl des Bezugspotentials. Das Potential wird
in der Richtung größer, in der eine positive Ladung
nur durch Energiezufuhr verschoben werden kann.*

Häufig wird ein Punkt eines Stromkreises leitend mit der Erde
verbunden und als Bezugspunkt definiert. Man sagt dann, er
habe Erdpotential, welches im allgemeinen zu Null angenommen

wird ($\varphi_0 = 0$). Das für die übrigen Punkte des Stromkreises ange-
gebene Potential bezieht sich dann auf das zu Null angenommene Erdpotential des Bezugspunktes; man sagt auch, ein Punkt
habe das

> Potential φ <u>gegen Erde</u>

oder auch die

> Spannung $U = \varphi - \varphi_0 = \varphi$ <u>gegen Erde</u>.

Das Bezugspotential mit Null anzunehmen, ist im allgemeinen
zweckmäßig, aber rein willkürlich. Auch die Wahl des Bezugspunktes erfolgt allein aus Gründen der Zweckmäßigkeit. Wird
z.B., wie in Bild 12 skizziert, ein Spannungserzeuger mit der
Spannung $U_{21} = \varphi_2 - \varphi_1$ in der Mitte geerdet und das Potential

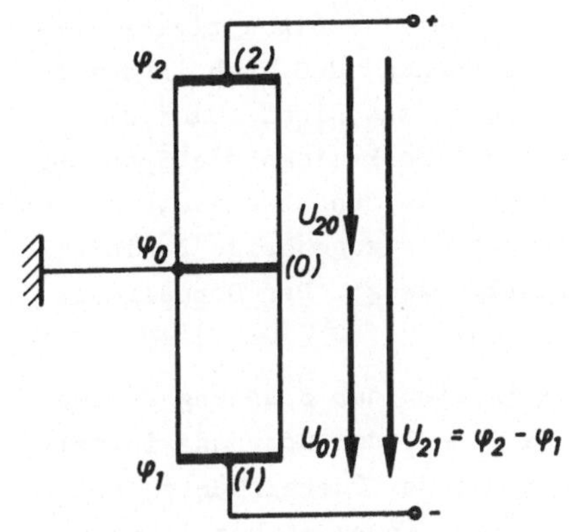

dieses Punktes (0) zu Null angenommen ($\varphi_0 = 0$), so ergibt sich entsprechend Gl.(7) für Punkt (1) (Minuspol) aus

$$\varphi_0 - \varphi_1 = U_{01} = U_{21}/2$$

das Potential

$$\varphi_1 = \varphi_0 - U_{21}/2 = -U_{21}/2$$

und für den Punkt (2) (Pluspol) aus

$$\varphi_2 - \varphi_0 = U_{20} = U_{21}/2$$

das Potential

$$\varphi_2 = \varphi_0 + U_{21}/2 = +U_{21}/2.$$

Bild 12: Spannungserzeuger mit geerdeter Mittelanzapfung

Ähnlich, wie ein Potential ohne Angabe des Bezugspunktes
nicht gedeutet werden kann, vermittelt auch die Spannung
allein keine vollständige Information. Für den in Bild 11
dargestellten Erzeuger ergibt sich die Spannung nur dann
positiv, wenn entsprechend Gl.(7) von dem größeren Potential
im Punkt (2) das kleinere in Punkt (1) subtrahiert wird.
Würde man von dem Potential des Punktes (1) das des Punktes
(2) subtrahieren, so würde die Differenz, also die Spannung,

negativ. Gibt man also die Spannung zwischen zwei Punkten an,
so ist durchaus nicht ohne weitere Angabe zu erkennen, welcher der zwei Punkte das höhere Potential hat. In den bisherigen Erläuterungen wurde die Spannung mit einem Doppelindex versehen, von dem der erste das im Minuenden und der
zweite das im Subtrahenden stehende Potential bezeichnet.
Man erkennt aus den beiden die gleiche Potentialdifferenz
beschreibenden Spannungen

$$U_{21} = \varphi_2 - \varphi_1 \quad \left. \begin{array}{l} \text{positiv, wenn } \varphi_2 > \varphi_1 \\ \text{negativ, wenn } \varphi_2 < \varphi_1 \\ \\ \text{positiv, wenn } \varphi_1 > \varphi_2 \\ \text{negativ, wenn } \varphi_1 < \varphi_2 \end{array} \right\} \quad U_{21} = -U_{12} ,$$

$$U_{12} = \varphi_1 - \varphi_2$$

daß mit einer solchen Festlegung bereits Eindeutigkeit erreicht ist. Es setzt allerdings voraus, daß auch in dem Stromkreis diese Punkte bezeichnet sind, was nicht immer der Fall
ist. Allgemein ist es üblich, in Stromkreisen die Spannung
durch einen Zählpfeil zu kennzeichnen, und zwar so, daß bei
einem positiven Wert der Spannung der zugehörige Zählpfeil
vom höheren zum niederen Potential weist. Der Doppelindex
kann dann grundsätzlich entfallen.

Für die allgemeine formale Definition der Spannung aus der
Potentialdifferenz kann der Zählpfeil der Spannung in belie-
biger Richtung angetragen sein mit der Übereinkunft, daß er
formal immer vom Punkt mit dem vom Minuenden bezeichneten
Potential zum Punkt mit dem vom Subtrahenden bezeichneten
Potential weist (s.Bild 13).

$$U_{xy} = \varphi_x - \varphi_y \tag{7a}$$

Ist $\varphi_x > \varphi_y$, ergibt sich U_{xy} positiv, der Zählpfeil weist vom
höheren zum niederen Potential (Bild 13). Ist dagegen
$\varphi_x < \varphi_y$, ergibt sich U_{xy} negativ. Der negative Spannungswert
muß so gedeutet werden, daß der angenommene Zählpfeil vom

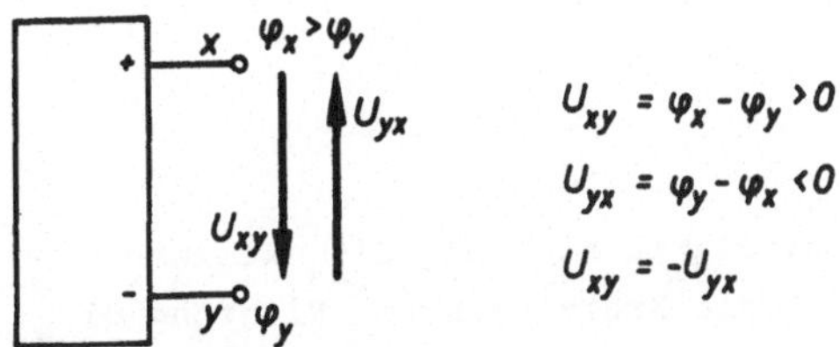

$$U_{xy} = \varphi_x - \varphi_y > 0$$

$$U_{yx} = \varphi_y - \varphi_x < 0$$

$$U_{xy} = -U_{yx}$$

Bild 13: Zuordnung von Polarität, Potential und Spannung

niederen zum höheren Potential weist. Wie aus Gl.(7a) und
Bild 13 zu erkennen, führt die Multiplikation einer Spannung
mit minus Eins, also die Vorzeichenumkehrung, zu einer Ver-
tauschung von Minuend und Subtrahend in der zugehörigen Potentialdifferenz bzw. zu einer Richtungsumkehrung des zugehörigen Zählpfeiles.

Die Angabe einer Spannung ist nur eindeutig im Zusam-
menhang mit einem Zählpfeil, der in der Schaltung das
Potentialgefälle angibt. Bei positivem Wert der Span-
nung weist somit der zugehörige Zählpfeil vom höheren
zum niederen Potential, bei negativem vom niederen
zum höheren.

Die bisher vorrangig formal definierte Spannung läßt sich auch
physikalisch anschaulich deuten. Man kann sich vorstellen,
ihr Zählpfeil gibt qualitativ - er ist kein Vektor - die
Richtung an, in der sich eine Ladung infolge Abgabe von potentieller Energie bewegt. Es sei z.B. in einem Stromkreis
nach Bild 14 einer Ladung Q im Erzeuger Energie zugeführt,
so daß sie im Punkt (3) des Verbrauchergebietes das Energieniveau $W_3 = Q\varphi_3 = W_2 > W_1$ hat. Bewegt sie sich von dort über die
Leitungslänge l_V zum Leitungspunkt (4), also vom Plus- zum
Minuspol, nimmt die potentielle Energie der Ladung im Feld
ab und tritt im gleichen Maße als Verschiebungsenergie der
Form $F_\varphi dl$ in Erscheinung. Da bei dieser Energieumformung die
Summe aus potentieller und der aus ihr hervorgehenden Verschiebungsenergie gleich Null sein muß ($F_{\varphi 34} dl_{34} + Q d\varphi = 0$), er-

gibt sich die Kraft

$$F_{\varphi 34} = -Q\frac{d\varphi}{dl_{34}} \qquad (8)$$

positiv, wenn das Potential φ in Richtung dl_{34} kleiner wird ($d\varphi/dl_{34}$ negativ), d.h., die Kraft wirkt in Richtung dl_{34} vom höheren zum niederen Potential auf die Ladung.

Der beispielhaft für den Verbraucher in Bild 14 abgeleitete Zusammenhang zwischen der Potentialänderung und der dieser entsprechenden Kraftwirkung auf die Ladung kann allgemeingültig formuliert werden. Aus $F_{\varphi}dl+Qd\varphi=0$ folgt für

$$F\varphi = -Q\frac{d\varphi}{dl_{xy}}, \qquad (8a)$$

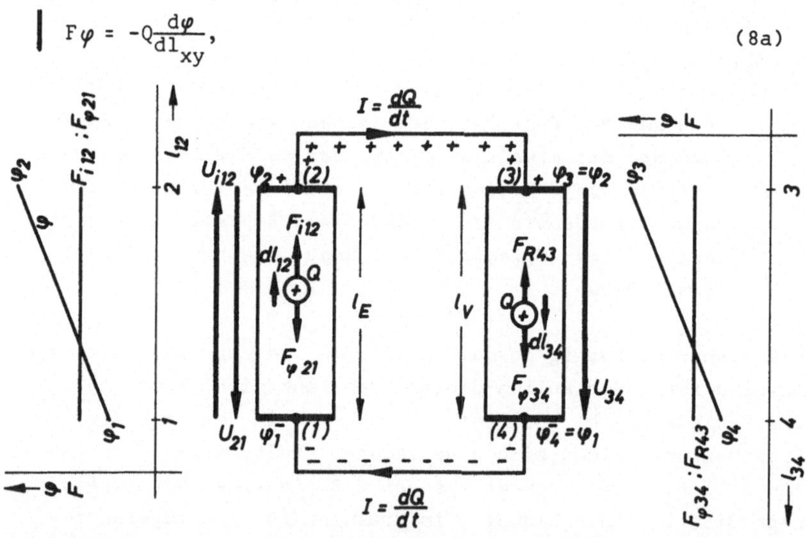

Bild 14: Stromkreis aus Erzeuger und Verbraucher schematisch dargestellt; Abhängigkeit der Ladungskräfte und des Potentials über der Leiterlänge l

daß F_{φ} in Richtung dl_{xy} wirkt, wenn φ in dieser Richtung kleiner wird, da dann $d\varphi/dl_{xy}$ negativ ist, daß aber F_{φ} in entgegengesetzter Richtung von dl_{xy} wirkt, wenn φ in Richtung dl_{xy} größer wird.

*Das elektrische Feld wirkt als Kraft auf elektrische
Ladungen. Diese Kräfte sind auf positive Ladungen
vom höheren zum niederen Potential gerichtet.*

In praktisch realisierten Stromkreisen sind die Ladungen an
Träger - im metallischen Leitern an Elektronen - gebunden.
Bei der Bewegung der Ladungsträger durch die Mikrostruktur
widerstandsbehafteter Leitungsgebiete werden Kräfte wirksam,
die formal durch eine der Bewegung entgegenwirkende geschwin-
digkeitsproportionale "Reibungskraft" F_R berücksichtigt werden (s.2.5.1.). Bewegt sich also eine Ladung in dem Feld eines widerstandsbehafteten Leiters infolge der aus der Ab-
nahme ihrer potentiellen Energie resultierenden Antriebskräfte $F_\varphi = -Qd\varphi/dl$, so wird die dabei auftretende Verschiebungsenergie $F_\varphi dl$ über die den Antriebskräften entgegenwir-
kenden "Reibungskräfte" F_R letztlich in Wärmeenergie umge-
formt. Durchläuft die Ladung Q die ganze Leitungslänge l_V
des Verbrauchers in Bild 14 von plus nach minus, so ergibt
sich die Energiebilanz durch Integration der Gl.(8)

$$\int_3^4 F_{\varphi 34} dl_{34} + Q\int_3^4 d\varphi = 0$$

oder mit $\int_3^4 d\varphi = -\int_4^3 d\varphi$

$$\int_3^4 F_{\varphi 34} dl_{34} = Q\int_4^3 d\varphi = Q(\varphi_3 - \varphi_4) = QU_{34}. \tag{9}$$

Die potentielle Energie der Ladung im Leitungsfeld vermindert
sich also um QU_{34}, die über die Verschiebungsenergie in Wärmeenergie umgewandelt wird.

2.4.1.1. Elektrische Feldstärke

Hat das Leitungsgebiet des Verbrauchers nach Bild 14 über die Länge l_V einen konstanten Querschnitt und eine konstante Leitfähigkeit, so wirkt die Kraft F_φ an jeder Stelle des Leiters mit gleicher Größe in die gleiche Richtung (Längsrichtung von (3) nach (4)). Man kann dann das Wegintegral $\int_3^4 F_{\varphi34} dl_{34}$ in Gl.(9) als Produkt $F_{\varphi34} l_V$ schreiben und die Gleichung nach F_φ/Q auflösen.

$$\frac{F_{\varphi34}}{Q} = \frac{\varphi_3 - \varphi_4}{l_V} = \frac{U_{34}}{l_V} \tag{10}$$

Wie in Bd.2, 3.2.1. näher erläutert ist, wurde für den Quotienten Kraft durch Ladung die Größe der <u>elektrischen Feldstärke</u> eingeführt.

$$\frac{F_{\varphi34}}{Q} = E_{34} \tag{10a}$$

Die Kraft pro Ladung - allgemeingültige Definition der elektrischen Feldstärke - kann aus der Potentialdifferenz oder Spannung pro Länge in Richtung vom höheren zum niederen Potential wirkend bestimmt werden.

Die elektrische Feldstärke ist wie die Kraft ein Vektor und darf nur unter den hier getroffenen Annahmen eines Linienleiters auch als skalare Größe behandelt werden. In räumlich ausgedehnten Leitungsgebieten muß wie die Kraft $\vec{f}$ auch die elektrische Feldstärke $\vec{\mathcal{E}} = \vec{f}/Q$ in einer vektoriellen Abhängigkeit von der Potentialänderung über der Länge dargestellt werden, was aber nicht mehr unmittelbar aus Gl.(8) folgt, da die dann auch als Vektor aufzufassende Länge dl nicht mehr im Nenner geschrieben werden darf. Hinsichtlich der vektoriellen Schreibweise der Gl.(8) sowie der allgemeingültigen Richtungszuordnung zwischen Integrationsrichtung und Zählpfeilrichtung sei auf Bd.2 verwiesen.

2.4.1.2. Dimension und Einheit der Spannung

Wie aus Gl.(13a) hervorgeht, ergibt sich die elektrische
Leistung als Produkt aus Strom und Spannung. Setzt man diese
Leistung gleich der mechanischen Leistung, die sich aus den
Basisgrößen Masse bzw. Kraft, Länge und Zeit ableitet, so
ergeben sich zwangsläufig Dimension und Einheit für die Span-
nung entsprechend der Beziehung

$$\text{Leistung} = \frac{\text{Kraft} \cdot \text{Weg}}{\text{Zeit}} = \text{Spannung} \cdot \text{Strom}$$

zu

$$\text{dim(Spannung)} = \dim\left(\frac{\text{Kraft} \cdot \text{Weg}}{\text{Strom} \cdot \text{Zeit}}\right) .$$

Für die Einheit der Spannung ist aus praktischen Erwägungen
ein besonderer Name, das

Volt - V -

eingeführt.

Im M K S A - System (siehe 1.6.1.) wurde die Einheit Volt entsprechend obiger Gleichung zu

$$1 \text{ Volt} = \frac{1 \text{ Watt}}{1 \text{ Ampere}} = \frac{(1\text{kg} \cdot 1\text{m/s}^2)1\text{m}}{1\text{A} \cdot 1\text{s}} = 1\frac{\text{kgm}^2}{\text{As}^3}$$

definiert.

In den Internationalen Einheiten (siehe 1.6.1.) wurde dagegen
das Volt (V_{int}) als Basiseinheit festgelegt und durch Normalelemente praktisch dargestellt. Es ist durch das Ohmsche Gesetz (Gl.(32)) zu

$$1V_{int} = 1A_{int} \cdot 1\Omega_{int}$$

definiert. Damit ist das Volt eigentlich eine abgeleitete
Einheit. Man bezeichnet daher das Normalelement häufig auch
als Subnormal. Das Internationale Volt unterscheidet sich

quantitativ nur sehr geringfügig von dem des M K S A -Systems
($1V_{int}$ = 1,00034V).

Für Meßaufgaben wird mit Rücksicht auf eine einfache praktische Handhabung die Einheit der Spannung durch sog. Normalelemente dargestellt. Am gebräuchlichsten ist das Weston-
Normalelement, das praktisch unabhängig von der Temperatur
eine sehr konstante Spannung liefert. Allerdings dürfen diese
Elemente nur sehr kurzzeitig mit Strömen kleiner 0,1mA be-
lastet werden (Leerlaufspannung bei 20°C ist U_o = $1,01830V_{int}$).
In Deutschland werden solche Normalelemente von der PTB
(Physikalisch-Technische Bundesanstalt) geliefert. Sie werden
mit einem Eichschein versehen und bilden die Grundlage für
amtlich bescheinigte Eichungen von Normalien. Neuerdings
setzen sich immer mehr elektronische Spannungsnormalien durch.

2.4.2. <u>Induzierte Spannung (EMK)</u>

Am Anfang des Abschnittes 2.4. sind die Vorgänge im Erzeuger
als Überlagerung der Coulombkräfte F_φ und der eingeprägten
Kräfte F_i beschrieben. In 2.4.1. wurden die Coulombkräfte als
Folge der Potentialänderung abgeleitet. Betrachtet man das
Leitungsgebiet des in Bild 14 dargestellten Erzeugers, so erkennt man, daß die Polladungen in Verbraucher wie auch Erzeuger ein Feld bewirken, welches ein Potentialgefälle in
Richtung von plus nach minus hat. Auch im Erzeuger läßt sich
somit aus dieser Feldkomponente - es ist ja hier noch die
Feldkomponente der eingeprägten Kraft überlagert - das Be-
streben der Ladungen, sich in Richtung vom höheren zum niederen Potential (von plus nach minus) bewegen zu wollen, als
Funktion der Verminderung der potentiellen Energie der Ladung
im Feld beschreiben ($F_{\varphi 21}$= $-Qd\varphi/dl_{21}$). Dem Wesen der Spannungsquelle entsprechend werden die Ladungen aber entgegen
diesen Kräften des Potentialgefälles $F_{\varphi 21}$ in Richtung dl_{12}
von den eingeprägten Kräften F_i zum höheren Potential hin
bewegt. Nimmt man das Leitungsgebiet des Erzeugers im Gegen-

satz zum Verbraucher als widerstandsfrei an, so wirken keine
Reibungskräfte auf die bewegte Ladung, und es muß die ihr
über F_i zugeführte Energie gleich sein der Erhöhung ihrer
potentiellen Energie ($F_{i12}dl_{12} = Qd\varphi$). Durchläuft die Ladung
den Erzeuger von minus (1) nach plus (2), so ergibt sich die
Energiebilanz durch Integration

$$\int_1^2 F_{i12}dl_{12} = Q\int_1^2 d\varphi = Q(\varphi_2 - \varphi_1).$$

Der Vorgang, der durch die Energiezufuhr im Spannungserzeuger
eine Potentialerhöhung bewirkt, kann auch durch eine eigene
Spannungsgröße beschrieben werden, deren Zählpfeil bei positiven Spannungswerten vom kleineren zum größeren Potential
weist.

$$U_{i12} = \frac{1}{Q}\int_1^2 F_{i12}dl_{12} = \varphi_2 - \varphi_1. \tag{11}$$

Diese, die <u>Energievergrößerung</u> beschreibende Spannungsgröße,
wurde in der historischen Entwicklung als <u>Elektromotorische
Kraft</u>, abgekürzt EMK, bezeichnet. Als Symbol wird bis heute
im allgemeinen E verwendet, was aber leicht zu Verwechslungen
mit dem Betrag der elektrischen Feldstärke $|\mathcal{E}| = E$ Gl.(10a)
führen kann. In der vorliegenden Einführung soll daher die in
Richtung der Potentialerhöhung wirkende Spannungsgröße - also
die EMK - durch das allgemeine Spannungssymbol U_i bezeichnet
werden. Der Unterschied gegenüber der aus der Potentialabnahme
resultierenden Spannungsgröße U, der also allein in der Wir-
kungsrichtung besteht, wird durch den Index i angegeben. Der
Index i soll auf den induzierten (eingeprägten) Ursprung dieser Spannung hinweisen, z.B. werden beim Gleichstromgenerator
über die Induktionswirkung, in Akkumulatoren über chemische
Wirkungen, die die Ladungsenergie erhöhenden Kraftwirkungen F_i
eingeprägt.

*Die induzierte Spannung U_i (Elektromotorische Kraft)
beschreibt die Energiezufuhr in der Spannungsquelle,
durch die der Energieinhalt der Ladungsträger im Feld
vergrößert wird. Der U_i zugeordnete Zählpfeil weist
- sozusagen diesen Vorgang beschreibend - bei positivem Spannungswert vom kleineren zum größeren Potential
in Richtung der die Ladungsbewegung bestimmenden eingeprägten Kräfte.*

Es ist zu beachten, daß bei der induzierten Spannung

$$U_{ixy} = \varphi_y - \varphi_x \tag{11a}$$

umgekehrt wie bei der Definition der Spannung nach Gl.(7a)
die erste Stelle des Doppelindex den Punkt des im Subtrahenden
stehenden Potentials bezeichnet und die zweite Stelle den des
im Minuenden stehenden (s.Bild 15).

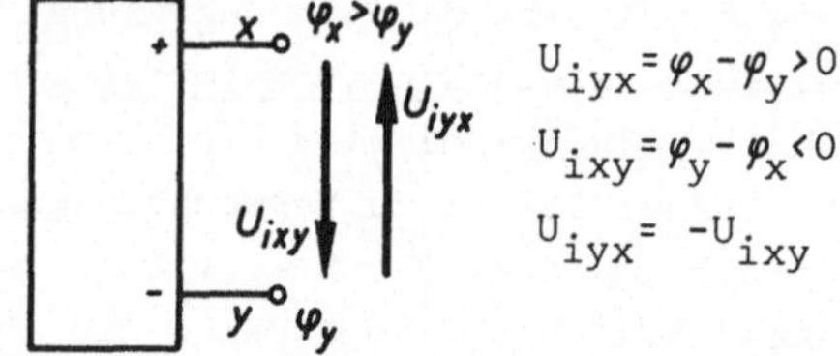

Bild 15: Zuordnung von Polarität, Potential
und induzierter Spannung

Aus der induzierten
Spannung U_i läßt sich
ähnlich wie aus der
Spannung U eine elek-
trische Feldstärke ab-
leiten. Werden in dem
Leitungsgebiet des Er-
zeugers homogene Ver-
hältnisse angenommen, so kann die Integration $\int F_i dl$ in Gl.(11)
durch das Produkt $F_i l_E$ ersetzt werden, und es ergibt sich die
Kraft pro Ladung

$$\frac{F_{i12}}{Q} = \frac{U_{i12}}{l_E} = E_i. \tag{12}$$

*Die induzierte elektrische Feldstärke beschreibt in der
allgemeingültigen Definition als Kraft pro Ladung die
im Inneren von Spannungsquellen vom niederen zum
höheren Potential gerichteten __ladungstrennenden__ ein-*

*geprägten Kraftwirkungen, die den potentiellen
Energiezustand der Ladung im Feld erhöhen.*

2.4.3. <u>Gleichgewichtszustände in elektrischen Stromkreisen</u>
<u>(Spannungssatz)</u>

In 2.4.1. wurde die bildliche Vorstellung entwickelt, daß
sich in einem Stromkreis auf den Plus- bzw. Minuspolen Polladungen befinden, die beim Inbetriebsetzen des Spannungserzeugers hervorgerufen über die Betriebszeit bestehen bleiben.
Fließt in dem Kreis ein Strom, so müssen außer diesen "sta-
tischen Polladungen" noch Ladungen betrachtet werden, die
sich durch den Kreis bewegen. Der Bewegungsmechanismus dieser Ladungsströmung läßt sich anhand von zwei Hilfsvorstellungen wie folgt beschreiben:

a) Die als inkompressibles Medium geschlossen in dem
   Stromkreis strömende Ladung wird als Ganzes betrachtet. Sie wird von den im Erzeuger wirkenden eingeprägten Kräften F_i gegen die im Verbraucher auftretenden
   geschwindigkeitsproportionalen Reibungskräfte F_R der
   Strömung angetrieben. Die Ladungsströmung
   also der Strom, wird durch das Gleichgewicht zwischen
   der mit F_i der Strömung zugeführten Energie und der
   von ihr über die Reibungskräfte F_R abgeführten Energie
   bestimmt. Die Strömungsrichtung wird infolge der ge-
   schwindigkeitsabhängigen Reibungskräfte durch die eingeprägten Kräfte F_i bestimmt, verläuft also im Verbraucher von plus nach minus.

b) Es wird in der geschlossenen Strömung nach a) lediglich eine Teilladung betrachtet. Eine solche Teilladung wird während ihres Umlaufes durch den geschlossenen Kreis im Erzeuger durch eingeprägte Kräfte F_i
   gegen die Feldkräfte F_φ der Polladungen angetrieben,
   wodurch sich ihr potentieller Energieinhalt erhöht,

sie treibt sich aber im Verbraucher über diese Feldkräfte F_φ infolge Verminderung ihrer potentiellen
Energie gegen die geschwindigkeitsproportionalen
Reibungskräfte F_R an. Die potentielle Energie der Ladung tritt also lediglich in einer Art Zwischenspei-
cher in Erscheinung, der durch das Feld der Polladungen ermöglicht wird. Letztlich wird aber auch hier die
Strömungsgeschwindigkeit der Ladung, die man sich dann
als die Überlagerung aller oben betrachteten Teilla-
dungen vorstellen muß, durch das Gleichgewicht der im
Erzeuger zugeführten und im Verbraucher abgeführten
Energie bestimmt.

Eine allgemeingültige Bedingung für die Ladungsströmung,
also den Strom, in einem Stromkreis läßt sich aus der Leistungsbilanz ableiten. Man nimmt an, in dem in Bild 8 dargestellten Leiter werden durch die Querschnitte $A(1)$ die Ladungsmengen dQ infolge eingeprägter Kräfte $dF(1)=dF_i(1)=E_i(1)dQ$
(im Erzeuger) oder Coulombkräften $dF(1)=dF_\varphi(1)=E(1)dQ$
(im Verbraucher) mit der Geschwindigkeit v bewegt. Die Leistung, die dabei einer Ladungsmenge dQ zugeführt bzw.
von dieser abgegeben wird, beträgt

$$dP = vdF = vEdQ.$$

Nach Gl.(2) läßt sich die querschnittsabhängige Geschwindigkeit $v=I/\eta A(1)$ auf den in allen Querschnitten konstanten
Strom I zurückführen und nach Gl.(1) die Ladungsmenge
$dQ=\eta A(1)dl$ auf das Leitervolumen $dV=A(1)dl$, welches durch
sie ausgefüllt wird.

$$dP = E \frac{I}{\eta A(1)} \eta A(1)dl = IEdl$$

Die gesamte in einem Leitungsgebiet der Länge l einer Ladungsströmung I zugeführte bzw. von ihr abgegebene Leistung
kann dann durch die Integration der in allen Querschnitten

entlang dieses Leiters auftretenden Teilleistungen dP bestimmt werden

$$P = I \int_l E\,dl. \tag{13}$$

Das Wegintegral der elektrischen Feldstärke entlang der
Leiterlänge l kann nach den Gln.(10)u.(12) als die entlang
dieses Leiters auftretende Spannung gedeutet werden, so daß
sich die Leistung zu

$$P = IU \tag{13a}$$

ergibt.

*In elektrischen Stromkreisen ergibt sich die von einer
Ladungsströmung I in einem Leitungsgebiet aufgenommene
oder abgegebene Leistung als Produkt aus der Spannung
entlang dieses Leitungsgebietes und dem in diesem
fließenden Strom.*

Betrachtet man die Ladungsströmung in dem geschlossenen Kreis
aus Erzeuger und Verbraucher (s.Bild 14), so wird dieser
Strömung im Erzeuger die Leistung $P_i = I \int_1^2 E_{i12}\,dl_{12} = IU_{i12}$ zugeführt und im Verbraucher von ihr die Leistung $P = I \int_3^4 E_{34}\,dl_{34} = IU_{34}$
abgeführt. Da der Strom zu jedem Zeitpunkt in Erzeuger wie
Verbraucher der gleiche ist, muß auch die zugeführte gleich
der abgegebenen Leistung sein.

$$IU_{i12} = IU_{34} \tag{14}$$

*In einem geschlossenen Stromkreis muß die als Produkt
aus Strom und Spannung berechnete elektrische Leistung,
die im Erzeuger der Ladungsströmung zugeführt wird,
gleich sein der im Verbraucher von der Ladungsströmung
abgegebenen elektrischen Leistung.*

Dividiert man Gl.(14) durch den an jeder Stelle des Stromkreises gleichen Strom I, so geht die Leistungsgleichung in eine Spannungsgleichung über.

$$U_{i12} = U_{34} \tag{15}$$

Die Spannungsgleichung beschreibt auch für den Grenzfall, daß keine Leistung umgesetzt wird, also keine Ladungsströmung auftritt (I=0), die Gleichgewichtszustände in einem Stromkreis.

Für einen geschlossenen Stromkreis folgt aus der Leistungsbilanz, daß die die eingeprägte Energie beschreibende induzierte Spannung U_i gleich ist der die Energieabgabe - oder bei einer nichtbelasteten Spannungsquelle das Vermögen einer Energieabgabe - beschreibenden Spannung U.

Die bisherigen idealisierenden Annahmen für Erzeuger·und Verbindungsleitungen stellen praktisch keine Einschränkung der Gültigkeit obiger Energie- oder Spannungsgleichungen dar. Man muß sich lediglich vorstellen, daß die bei praktisch realisierten Stromkreisen sowohl in der Spannungsquelle als auch allen Verbindungsleitungen über die "Reibungskräfte" der Ladungsbewegungen in Wärme umgesetzte Verschiebungsenergie mit in dem Verbraucher berücksichtigt ist. Der in Bild 14 dargestellte Verbraucher besteht also aus mehreren Teilbereichen, wie in Bild 16 angegeben. Die im idealen Erzeuger den Ladungen zugeführte Leistung IU_{i12} wird von diesen also zum Teil bereits wieder in der Spannungsquelle selbst abgeführt. Einen weiteren Teil gibt die Ladungsströmung bei ihrer Bewegung durch die Verbindungsleitung ab und den Rest im eigentlichen Verbraucher. Auch die allgemein als Verbraucher bezeichnete Belastung der Spannungsquelle muß nicht aus nur einem Leitungsgebiet, sondern kann aus mehreren (z.B. mehreren hintereinandergeschalteten Einzelwiderständen) bestehen.

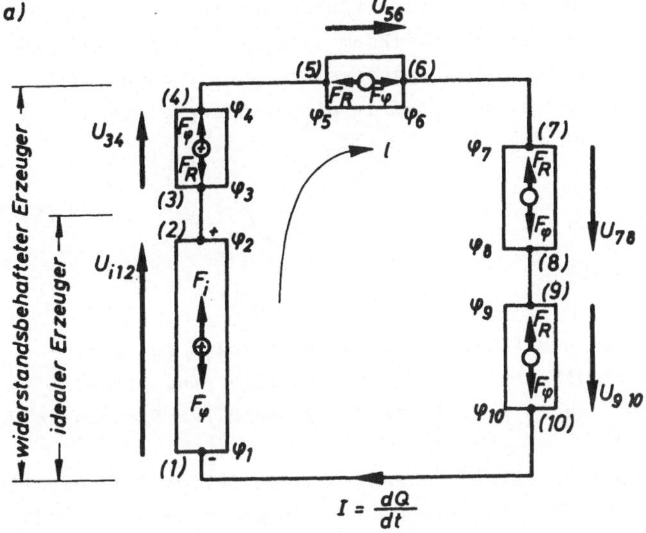

$$I = \frac{dQ}{dt}$$

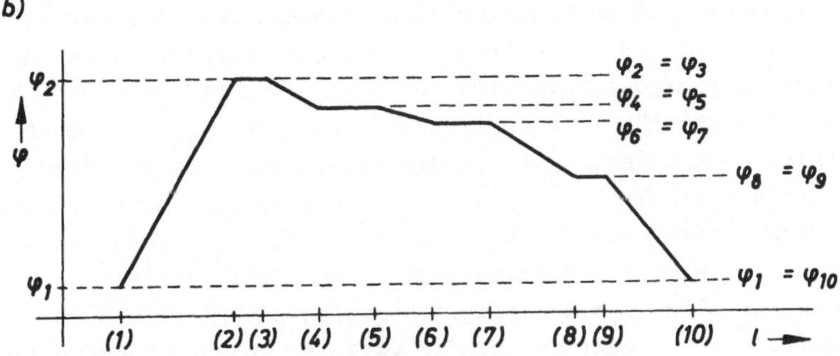

Bild 16: a) Stromkreis mit einem Erzeuger und mehreren Verbrauchern
b) Potentialverlauf über der Länge l

In allen Fällen erfordert aber die Leistungsbilanz, daß die
im Erzeuger über den Spannungsbereich U_i der Ladungsströmung
zugeführte Leistung IU_i gleich ist der Summe der in allen
"Verbraucherbereichen", also über den Bereich der Spannungs-
summe ΣU, von der Ladungsströmung abgegebenen Leistung ΣIU.
Die Spannungsgleichung (15) wird daher praxisgerechter als

$$U_i = \Sigma U$$

geschrieben. Selbstverständlich können nun auch noch mehrere
Erzeuger in dem Stromkreis wirksam sein, so daß der Ladungsströmung über mehrere Spannungsbereiche U_i - Spannungsquellen - Energie zugeführt wird. Die Spannungsgleichung wird
daher allgemeingültig

$$\Sigma U_i = \Sigma U \tag{15a}$$

geschrieben.

*In einem geschlossenen Stromkreis folgt aus der
Leistungsbilanz, daß die Summe aller eingeprägten
Spannungen U_i gleich ist der Summe aller Spannungen U.*

Bei den bisherigen Betrachtungen wurde lediglich festgestellt,
daß im Erzeuger der Ladungsströmung Energie zugeführt wird,
die sie im Verbraucher wieder abgibt. Dabei wurde beispielhaft erwähnt, daß im Erzeuger diese Energie über das Magnetfeld zugeführt und im Verbraucher die abgegebene Energie in
Wärmeenergie umgewandelt wird. Da Energie nicht "erzeugt"
oder "verbraucht", sondern lediglich zwischen verschiedenen
Energieformen ausgetauscht werden kann, bedarf es weiterer
Betrachtungen, wie solche Energieumwandlungen im Erzeuger
und Verbraucher ablaufen können. Im Rahmen vorliegender Einführung sollen diese Betrachtungen aber nicht vertieft
werden. In Bild 17 sind lediglich einige Energieformen an-
geführt, die in praktisch häufig vorkommenden Spannungsquellen
in elektrische Energie umgewandelt werden.

Nach Studium des Bd.2 versteht man, daß für Spannungserzeuger,
die die Wirkungen des Magnetfeldes nutzen, die allgemeingültige Spannungsgleichung $\Sigma U_i = \Sigma U$ zwanglos in das Induktionsge-
setz übergeht, und zwar in der Form $\Sigma U = -d\Phi/dt$ für zeitlich
veränderliche magnetische Felder (s.Bd.2, S.203) oder in der
Form $\Sigma U = \int(\boldsymbol{v} \times \boldsymbol{B})\,dl$ (s.Bd.2, S.185f) für bewegte Leiter im Magnetfeld. In der Form $\Sigma U = -d\Phi/dt$ muß allerdings die Vorstellung
eines räumlich lokalisierbaren Erzeugers mit U_i, wie in

Bild 14 oder 17 dargestellt, aufgegeben werden, was sich ergibt, wenn man nicht eine der beiden Feldkomponenten F_i oder F_φ des Erzeugers betrachtet, sondern ihre Überlagerung, die ja auf einen kräftefreien, also feldfreien Leitungsbereich (1) - (2) führt. Man könnte sagen, der gesamte geschlossene Stromkreis wirkt mit $d\Phi/dt$ als Erzeuger, es gibt keinen als solchen ausgezeichneten Teilbereich mehr.

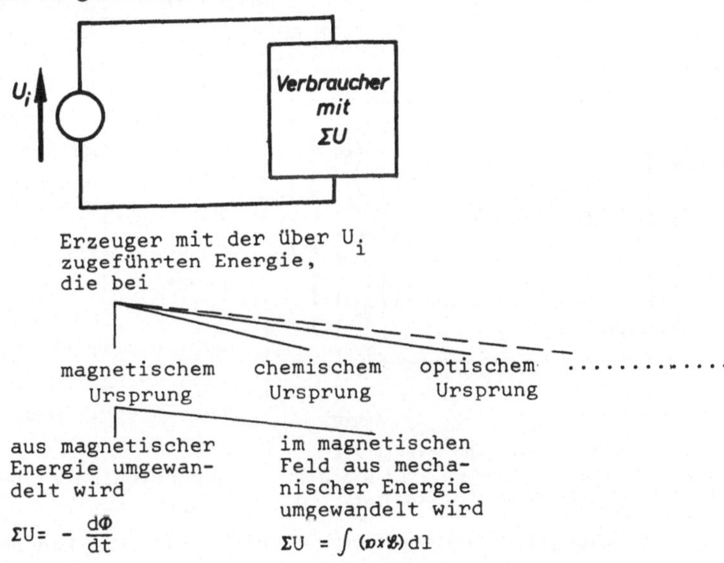

Bild 17: Mögliche Ursachen der in einer Spannungsquelle ablaufenden Energieumwandlung

Auch die Erläuterung der Vorgänge in Verbrauchern, in denen elektrische Energie nicht ausschließlich in Wärmeenergie umgewandelt wird, muß auf später verschoben werden. Hier sei lediglich erwähnt, daß in solchen Verbrauchern, z.B. einem Elektromotor (s.Bild 18) oder einem Akkumulator, der geladen wird, außer den geschwindigkeitsproportionalen Reibungskräften F_R noch Kraftwirkungen, vergleichbar denen im Erzeuger, auftreten. In solchen Verbrauchern bewegt sich die Ladungsströmung also sowohl gegen die geschwindigkeitsproportionalen Reibungskräfte F_R wie auch gegen solche aus einer Potentialerhöhung resultierenden. Letztere sind eingeprägte

Kräfte F_i ähnlichen Ursprungs wie beim entsprechenden Erzeuger, jedoch sind sie hier nicht mehr Antriebskräfte für die Ladungsströmung im Kreis, sondern Gegenkräfte. Das kann z.B. vordergründig bereits aus der praktischen Anordnung zum Laden eines Akkumulators abgeleitet werden, wobei dieser so angeschlossen wird, daß der Strom ihn von plus nach minus durchfließt, also gegen seine eingeprägten Kräfte F_i chemischen Ursprungs, die ja von minus nach plus wirken.

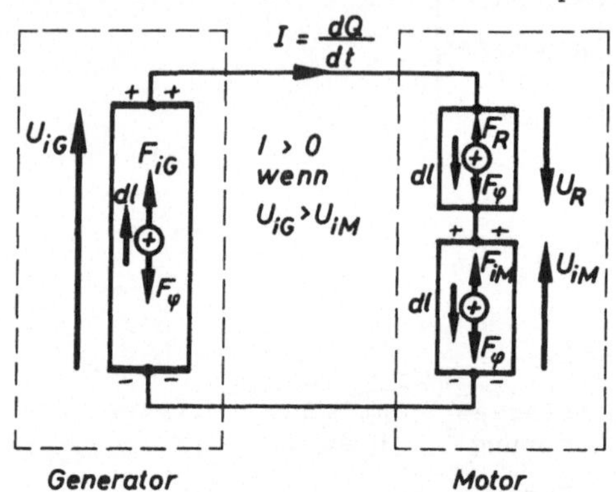

Bild 18: Geschlossener Stromkreis mit idealem Generator (Erzeuger) und widerstandsbehaftetem Motor (Verbraucher)

In der Spannungsgleichung ($\Sigma U_i = \Sigma U$) müssen in der Summe der induzierten Spannungen die Wirkungsrichtungen der zu summierenden Spannungen, also ihre Vorzeichen, beachtet werden. Dieses ergibt sich zwangsläufig aus der Integrationsrichtung bzw. der Beachtung der Potentiale. Bei der praktischen Anwendung der Spannungsgleichung empfiehlt es sich, nach der kochrezeptartigen Anleitung des Merksatzes in 3.3.2. vorzugehen.

Treten in einem Stromkreis Verzweigungen auf, z.B. wie bei einer in Bild 19 dargestellten Schaltung, so ist der Strom nicht mehr an jeder Stelle der Schaltung zu derselben Zeit gleich groß. Es gelten aber auch hier die hydromechanischen Hilfsvorstellungen der Annahme einer als inkompressibles Medium strömenden Ladung. Dann muß in einer Verzweigung die Summe der in der Zeit dt zufließenden Ladung gleich sein der Summe der abfließenden Ladung. Zählt man die einer Verzweigung zufließende Ladung positiv und die abfließende negativ (s.3.3.1.), so gilt

$$\frac{dQ}{dt} = \Sigma I = 0. \tag{16}$$

Es können also in verzweigten Stromkreisen Verbraucherwider-
stände, die in einem geschlossenen Kreis liegen, von unterschiedlichen Strömen durchflossen werden, was Konsequenzen
für den Spannungssatz ergibt, wie folgende Betrachtung zeigen
soll.

Liegt, wie in Bild 19 dargestellt, in einem geschlossenen
Kreis a.) oder b.) ein Verbraucherwiderstand R_{34}, der nicht
allein vom Strom dieses Kreises, sondern auch von dem eines
zweiten durchflossen wird, so wird das Potentialgefälle dieses
Widerstandes von dem resultierenden Strom bestimmt. Nach
Gl.(2) ist in einem Verbraucherwiderstand bei gegebener Fläche
und Ladungsdichte die Ladungsge-

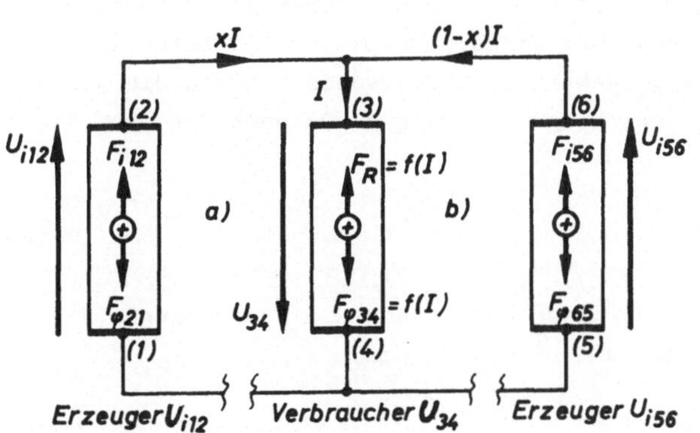

Bild 19: Verzweigte Schaltung mit den zwei
Stromkreisen a.) und b.)

schwindigkeit proportional der Ladungsströmung $I=dQ/dt=A\eta v$.
Die aus dem Potentialgefälle resultierenden Feldkräfte nach
Gl.(8a) $F_{\varphi34}= -Qd\varphi/dl_{34}$, die die Ladung gegen die geschwindigkeitsproportionalen Reibungskräfte $F_R(I)$ antreiben, müssen
sich also auf den die Ladungsgeschwindigkeit bestimmenden
resultierenden Strom I beziehen und nicht etwa auf den Teil-
strom xI oder (1-x)I des geschlossenen Kreises, für den die
Spannungsgleichung aufgestellt wird. Die Spannung U_{34} an dem
Verbraucher R_{34}, die in den Spannungssatz des Kreises a.)
oder b.) einzusetzen ist, ergibt sich also zu

$$U_{34} = \int_3^4 \frac{F_{\varphi34}(I)}{Q} \, dl_{34} = \int_3^4 E_{34}(I)dl_{34}.$$

Um die Teilströme xI oder (1-x)I zu bestimmen, genügt nicht
die Aufstellung des Spannungssatzes für einen Kreis, sondern
es müssen soviel Bestimmungsgleichungen gefunden werden, wie
unbekannte Ströme vorhanden sind. Für die praktische Berechnung solcher verzweigten Schaltungen geht man zweckmäßig nach
den in Abschn.3 angegebenen Regeln vor.

Im Zuge der Formalisierung der Berechnung elektrischer Stromkreise wurde der Begriff der induzierten Spannung (EMK) U_i
durch den allgemeinen Spannungsbegriff U ersetzt. Es wird
also der Erzeuger nicht durch die den Vorgang der Energiezufuhr beschreibenden, von minus nach plus gerichteten induzierten Spannung U_i gekennzeichnet, sondern durch die von
plus nach minus gerichtete Spannung U. Da nach den Gln.(7a)
und (11a)

$$U = -U_i \tag{16}$$

ist, ergibt sich für diese Auffassung die Spannungsgl.(15a)
eines Stromkreises zu

$$\Sigma U_{\text{Erzeuger}} + \Sigma U_{\text{Verbraucher}} = 0 \tag{17}$$

Da nun kein Unterschied mehr in der Zählrichtung der Spannungen in Verbrauchern oder Erzeugern besteht (alle vorhan-
denen Spannungen werden positiv von Plus nach Minus gezählt),
wird die Spannungsgleichung im allgemeinen in der Form

$$\Sigma U = 0 \tag{17a}$$

geschrieben. Man kann diese Form der Spannungsgleichung deuten als das Wegintegral der elektrischen Feldstärke nach
Gl.(10) über den geschlossenen Umlauf durch das in Verbraucher wie auch Erzeuger wirkende elektrische Feld, welches
durch die Polladungen aufgebaut wird, z.B. gilt für den
Kreis in Bild 14

$$\int_1^2 E_{21} dl_{12} + \int_3^4 E_{34} dl_{34} = 0 \; .$$

Diese Gleichung entspricht der Gl.(17a), wenn man die Spannungen mit dem Vorzeichen in die Summe einführt, das aus der ihr entsprechenden Teilintegration folgt, wobei alle Teilintegrationen zusammen einen geschlossenen Umlauf um den Stromkreis bilden müssen. Z.B. ergibt sich im Erzeuger die Spannung $U_{12} = \int_1^2 E_{21} dl_{12}$ negativ, im Verbraucher dagegen aus $U_{34} = \int_3^4 E_{34} dl_{34}$ positiv (s. Bd. 2, 3.3.2.). Für die praktische Anwendung der Spannungsgleichung und der dabei zu beachtenden Vorzeichen und Zählrichtungen empfiehlt es sich, nach dem Merksatz in 3.3.2. vorzugehen.

2.5. Der Zusammenhang zwischen Spannung und Strom

2.5.1. Driftgeschwindigkeit und elektrische Feldstärke

In 2.1. bis 2.4. wurde die Ladungsströmung als die Bewegung eines inkompressiblen Mediums, z.B. die homogen im Leitervolumen verteilt angenommenen Ladungsträger, in Leiterlängsrichtung dargestellt. Der in den Gln.(2), (3) u. (5) dargestellte Zusammenhang zwischen Ladungsströmung I=dQ/dt bzw. Ladungsströmung pro Fläche S=I/A und Ladungsgeschwindigkeit $v=S/\eta$ bezieht sich daher auf eine in Leiterlängsrichtung (bei inhomogenen Strömungsfeldern in Richtung der Stromdichte Γ) auftretende Driftgeschwindigkeit der Ladungsträger. Diese Driftgeschwindigkeit ist Null, wenn kein Strom fließt. Da aber in einem Leiter, auch wenn kein Strom fließt, eine im wesentlichen temperaturabhängige Ladungsträgerbewegung auftritt, kann es sich bei der die Ladungsströmung darstellenden Trägergeschwindigkeit lediglich um die in Leiterlängsrichtung wirkende Komponente einer an sich komplizierteren Trägergeschwindigkeit handeln. Um den Zusammenhang zwischen Strom und Spannung zu beschreiben, wird im folgenden diese kompliziertere Bewegung der Ladungsträger betrachtet. Es muß er-

wähnt werden, daß die dabei entwickelte Modellvorstellung
zwar gegenüber der von einem inkompressibel strömenden homogenen Trägermedium verfeinert ist, aber den äußerst komplizierten Mechanismus der Stromleitung in den verschiedensten
Stoffen bei unterschiedlichen Aggregatzuständen und Tempera-
turen auch noch nicht allgemeingültig beschreibt.

In den hier betrachteten Stoffen ist die Ladungsströmung an
frei bewegliche Ladungsträger gebunden, z.B. an freibeweg-
liche Elektronen in Metallen oder in Gasen an Elektronen
und Ionen. Diese Ladungsträger führen eine thermische Bewegung durch, die infolge der dauernden "Zusammenstöße" ungeordnet verläuft, so daß es zu keiner resultierenden gerichteten Bewegung kommt. Wirkt in einem Raumgebiet, in dem
solche ungeordneten Trägerbewegungen stattfinden, eine elektrische Feldstärke (Kraft auf eine elektrische Ladung bezogen
auf diese Ladung) nach 2.4.1.1., so bekommen die ungeordneten Trägerbewegungen eine in Richtung der Feldstärke orien-
tierte Bewegungskomponente.

In Bild 20 ist die Trägerbewegung in einem Gebiet, in dem
die elektrische Feldstärke $\mathscr{E}$ wirkt, schematisch dargestellt.
Verfolgt man die Bahn eines Ladungsträgers e, so würde dieser
zwischen je zwei Zusammenstößen geradlinig verlaufen, wenn
keine Feldstärke wirkt. Die Feldstärke $\mathscr{E}$ wirkt aber auf den
Ladungsträger als Kraft $f = Q\mathscr{E}$, die ihn bei positiver Ladung
in Richtung der Feldstärke beschleunigt. Wie in Bild 20 ange-
deutet, würde nach dem ν-ten Zusammenstoß infolge der thermischen Bewegung allein der nächste Zusammenstoß auf der ge-
strichelt gezeichneten geradlinigen Bahn liegen. Durch die
Beschleunigung als Folge einer elektrischen Feldstärke krümmt
sich aber die Bahn des Ladungsträgers, etwa wie die durchge-
zogenen Linien in Bild 20 andeuten sollen, in Richtung der
Feldstärke $\mathscr{E}$, und es erfolgt der nächste Zusammenstoß des
Trägers auf dieser gekrümmten Bahn am Ort $(\nu+1)$. Dadurch ist
er um die Strecke $\lambda_{\mathscr{E}\nu}$ in Richtung der Feldstärke gegenüber der
thermischen Bewegungsbahn verschoben.

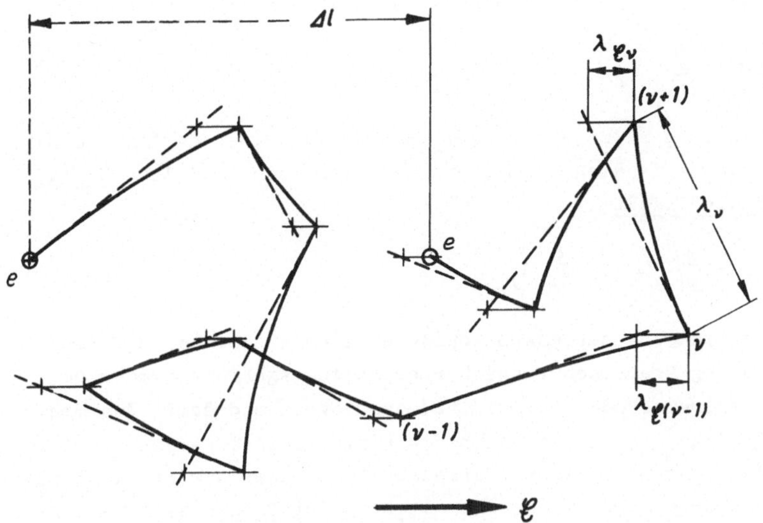

Bild 20: Bahn eines freibeweglichen Ladungsträgers unter Einwirkung eines elektrischen Feldes

Hat der betrachtete Ladungsträger die Ladung e und die Masse m_e, so ergibt sich die Beschleunigung in Richtung der elektrischen Feldstärke.

$$a = \frac{f}{m} = \frac{e}{m_e} \, \mathcal{E} \tag{18}$$

Für die Bewegung innerhalb der Mikrostruktur der Materie kann die elektrische Feldstärke über die hier betrachteten Bereiche als konstant angenommen werden. Dann ergibt sich der Weg, den der Ladungsträger infolge der konstanten Beschleunigung zwischen zwei Zusammenstößen in Richtung der Feldstärke zurücklegt, zu

$$\lambda_{\mathcal{E}} = |a| \frac{\tau^2}{2} = \frac{e}{m_e} \frac{\tau^2}{2} |\mathcal{E}| \, , \tag{19}$$

wenn mit τ die Zeit zwischen zwei Zusammenstößen bezeichnet ist. Erfährt ein Ladungsträger k Zusammenstöße in der Zeit Δt, so wird er sich während dieser Zeit um die Strecke

$$\Delta l = \sum_{j=1}^{k} \lambda_{\mathcal{E}j} \tag{20}$$

in Richtung $\mathcal{E}$ weiterbewegen. Man sagt auch, er driftet um die Strecke Δl in Richtung $\mathcal{E}$, und definiert eine mittlere <u>Drift-geschwindigkeit</u>

$$v = \frac{\Delta l}{\Delta t} = \frac{1}{\Delta t} \sum_{j=1}^{k} \lambda_{\mathcal{E}j} \cdot \tag{21}$$

Da es sich aus der makroskopischen Sicht, d.h. bei der Be-trachtung praktisch ausgeführter Leitungsgebiete, immer um eine extrem große Zahl von Ladungsträgern und damit Zusammen-stößen handelt, lassen sich die Einzelereignisse der Zusammen-stöße nicht mehr diskret erfassen, wohl aber als statistische Mittelwerte darstellen. Die <u>mittlere Driftlänge</u> zwischen zwei Zusammenstößen $\lambda_{\mathcal{E}m} = (\Sigma\lambda_{\mathcal{E}})/k$ ergibt sich mit Gl.(19) zu

$$\lambda_{\mathcal{E}m} = \frac{e}{2\,m_e} \tau_m^2 \; |\mathcal{E}| , \tag{22}$$

wenn τ_m als statistischer Mittelwert der Zeit zwischen zwei Zusammenstößen aufgefaßt wird. Die mittlere Driftgeschwindig-keit der Ladungsträger nach Gl.(21) läßt sich also als Pro-dukt aus mittlerer Driftlänge und Zahl der Zusammenstöße k pro Bezugszeit Δt darstellen ($v = \lambda_{\mathcal{E}m} k/\Delta t$) oder auch als Quo-tient aus mittlerer Driftlänge und der mittleren Zeit ($\Delta t/k = \tau_m$) zwischen zwei Zusammenstößen.

$$v = \frac{\Delta l}{\Delta t} = \frac{\lambda_{\mathcal{E}m}}{\tau_m} = \frac{e}{2\,m_e} \tau_m |\mathcal{E}|$$

Stellt man den statistischen Mittelwert der Zeit τ_m zwischen zwei Zusammenstößen als Quotient aus mittlerer freier Weg-länge λ_m zwischen zwei Zusammenstößen und der mittleren sta-tistischen tatsächlichen Geschwindigkeit $\bar{v}$ der Ladungsträger dar

$$\tau_m = \frac{\lambda_m}{\bar{v}} ,$$

so ergibt sich die Driftgeschwindigkeit

$$v = \frac{e\lambda_m}{2m_e\bar{v}}\,|\mathscr{E}|\,.\qquad\qquad(21b)$$

Die für die Ladungsbewegung maßgebenden Eigenschaften der Ladungsträger werden in einer Größe zusammengefaßt, die als Beweglichkeit der Ladungsträger

$$b = \frac{e\,\lambda_m}{2m_e\bar{v}}\qquad\qquad(24)$$

bezeichnet wird. Da die Beweglichkeit eine skalare Größe ist, läßt sich Gl.(21) auch allgemeingültig vektoriell schreiben.

$$\mathbf{v} = b\mathscr{E}\qquad\qquad(21c)$$

Die Driftgeschwindigkeit *$\mathbf{v}$ der Ladungsträger ist gleich dem Produkt aus elektrischer Feldstärke und Beweglichkeit der Ladungsträger.*

Die Beweglichkeit der Ladungsträger ist proportional dem Quotienten aus Ladung zu Masse der Träger und mittlerer freier Weglänge zu mittlerer Trägergeschwindigkeit $\bar{v}$ *.*

2.5.1.1. Stromdichte und elektrische Feldstärke

Nach Gln. (3) u. (5) ist die Stromdichte γ gleich dem Produkt aus Ladungsdichte η =ne und Ladungsgeschwindigkeit $\mathbf{v}$ in Leiterlängsrichtung bzw. bei inhomogener Ladungsströmung in Richtung der elektrischen Feldstärke $\mathscr{E}$. Wie aus vorstehenden Erläuterungen zu entnehmen, ist unter dieser Ladungsgeschwindigkeit die Driftgeschwindigkeit v der Ladungsträger zu verstehen, so daß sich mit Gl.(21c) die Stromdichte direkt auf die elektrische Feldstärke zurückführen läßt.

$$\gamma = \mathrm{neb}\,\mathscr{E}\qquad\qquad(25)$$

*Die Stromdichte ist proportional der Ladungsgeschwin-
digkeit, die als Driftgeschwindigkeit der Ladungsträger gedeutet werden kann.*

Es ist zu beachten, daß die Stromdichte $S=I/A$ und der Strom
aus der resultierenden Ladungsströmung dQ/dt berechnet werden müssen, die nicht nur aus einer Art von Ladungsträger,
z.B. Elektronen zu bestehen braucht, sondern sich auch aus
mehreren unterschiedlichen Arten von Ladungsträgern zusammensetzen kann. Von praktischem Interesse sind folgende Arten
von Ladungsströmungen:

1.) Elektronenströmung
    1.1.) mit negativer Elementarladung e_- und Träger-
         dichte n_- (z.B. in metallischen Leitern)
    1.2.) mit positiver Elementarladung e_+ und Träger-
         dichte n_+ (z.B. Löcherleitung in Halbleitern)
    1.3.) als Summe aus 1.1. und 1.2. (z.B. in Halbleitern)

2.) Ionenströmung aus Kationen und/oder Anionen
    (z.B. in Elektrolyten)

3.) Ladungsströmung aus Elektronen und Ionen (z.B.in Gasen).

Die Stromdichte muß nach Gl.(25) als Summe der Driftgeschwindigkeiten aller Ladungsträgerarten berechnet werden, wobei
selbstverständlich die Vorzeichen der Ladungen und die Richtung ihrer Driftgeschwindigkeiten zu beachten sind. Im Rahmen
der vorliegenden Einführung werden nur Ladungsströmungen nach
1.) betrachtet; auf die Erläuterung der Gültigkeit der Gl.(25)
für andere Strömungsarten, insbesondere für Ionenströmung,
soll hier nicht weiter eingegangen werden.

2.5.2. Elektrische Leitfähigkeit

Betrachtet man nur feste Werkstoffe, so gilt der Zusammenhang zwischen Stromdichte und elektrischer Feldstärke nach Gl.(25). Zur übersichtlichen Beschreibung elektrischer Vorgänge hat man die für die Stromdichte maßgebenden Materialeigenschaften in einer Größe zusammengefaßt und als <u>Leitfähigkeit</u>

$$\varkappa = neb \tag{26}$$

bezeichnet, so daß sich Gl.(25) in der Form

$$\gamma = \varkappa \mathcal{E} \tag{25a}$$

schreiben läßt. Für homogene feste Stoffe ist die Leitfähigkeit $\varkappa$ weitgehend unabhängig von der elektrischen Feldstärke $\mathcal{E}$ bzw. der Stromdichte γ.

Aus den im folgenden angeführten Werten der Leitfähigkeit für einige charakteristische feste Werkstoffe, die sich auf eine Werkstofftemperatur von $20^{\circ}C$ beziehen,

$$
\begin{array}{lll}
\text{Kupfer} & \varkappa = 5{,}6 \cdot 10^{7} & S/m \\
\text{Germanium, rein} & \varkappa = 1{,}7 & S/m \\
\text{Silizium, rein} & \varkappa = 3 \cdot 10^{-4} & S/m \\
\text{Hartporzellan} & \varkappa \approx 10^{-13} & S/m \\
\text{Quarz} & \varkappa \approx 3 \cdot 10^{-17} & S/m
\end{array}
$$

erkennt man, daß diese einen Bereich von über 20 Zehnerpotenzen umfassen. Dieser große Bereich läßt sich nicht über die Trägerbeweglichkeit nach Gl.(24) erklären, sondern es zeigt sich, daß für den Wert der Leitfähigkeit fast ausschließlich die Ladungsträgerdichte maßgebend ist. In der Praxis unterteilt man die festen Werkstoffe nach der Größenordnung ihrer Ladungsträgerdichte in drei Gruppen, die

<u>Leiter</u> mit $\varkappa$ im Bereich $(10^6 \div 10^{12})$S/m (Kupfer, Aluminium, Eisen usw.)

<u>Halbleiter</u> mit $\varkappa$ im Bereich $(10^{-7} \div 10^6)$S/m (Germanium, Silizium, Selen usw.)

<u>Nichtleiter</u> oder Isolatoren mit $\varkappa$ im Bereich kleiner 10^{-7} (Porzellan, Glimmer, Quarz usw.).

Für feste homogene Stoffe ist die Leitfähigkeit unabhängig von der Feldstärke bzw. der Stromdichte. Ihr Wert wird maßgebend von der Dichte der frei beweglichen Ladungsträger des Stoffes bestimmt. Je nach Größenordnung der Ladungsträgerdichte unterscheidet man Leiter, Halbleiter und Nichtleiter.

Für einen gegebenen Werkstoff könnte die Leitfähigkeit grundsätzlich nach Gl.(26) berechnet werden. Dieses ist aber bei der ingenieurmäßigen Tätigkeit aus ökonomischen Gründen nicht zweckmäßig, und man hat daher für alle praktisch interessanten Werkstoffe die Leitfähigkeit $\varkappa$ experimentell bestimmt und in Tabellen angegeben. Aus solchen experimentell ermittelten Werten erkennt man, daß für einen bestimmten Werkstoff, also bei konstanter Ladungsträgerdichte, die Leitfähigkeit von folgenden Einflußgrößen abhängig ist:

1.) Temperatur des Werkstoffes
2.) Verunreinigung, d.h. durch geringfügige Legierung mit anderen Stoffen,
3.) Behandlung des Werkstoffes.

Es läßt sich zeigen, daß sich diese Einflüsse über die mittlere freie Weglänge λ_m auf die Leitfähigkeit auswirken. Beispielsweise wird in metallischen Werkstoffen die Gitterstruktur der Metallatome durch Verunreinigung mit Fremdatomen, Fertigungseinflüsse wie Härten, Glühen, Pressen usw. beeinflußt, vor allem aber führt sie temperaturabhängige Schwin-

gungen durch. Da die Gitterstruktur wiederum bestimmend für
die freie Weglänge der Ladungsträger ist, wirken sich die genannten Einflüsse damit indirekt auf die Leitfähigkeit aus.

*Bei festen Werkstoffen ist die Leitfähigkeit abhängig
von der Temperatur des Werkstoffes, seiner Behandlung
während der Herstellung und Verunreinigung.*

2.5.3. Widerstand eines Leiters

In der Praxis treten häufig Leitungsgebiete auf, die sehr
lang sind gegenüber ihren Querschnittsabmessungen und in
denen die Ladungsströmung homogen verläuft. In einem solchen
Leitungsgebiet, wie es schematisch in Bild 21 skizziert ist,
ergibt sich mit Gln.(3) und (10) der Zusammenhang zwischen
Strom und Spannung zu

$$\frac{U}{I} = \frac{l}{A}\frac{E}{S}.$$

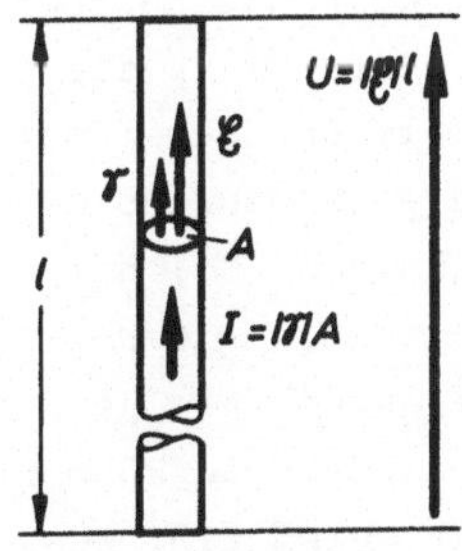

**Bild 21: Strom und
Spannung an einem
homogenen Leiter**

Ersetzt man den Quotienten elektrische
Feldstärke zu Stromdichte (E/S) durch
die Leitfähigkeit $\varkappa$ =S/E, so erkennt man,
daß der Zusammenhang zwischen Spannung
und Strom

$$\frac{U}{I} = \frac{l}{A}\frac{1}{\varkappa} \qquad (27)$$

allein von der Geometrie und den Werk-
stoffeigenschaften des Leiters abhängig
ist. Man bezeichnet die rechte Seite der
Gl.(27) auch als den <u>Widerstand R</u> eines Leiters

$$R = \frac{l}{A\varkappa} = \rho\frac{l}{A}. \qquad (28)$$

Darin ist ρ der <u>spezifische Widerstand</u>

$$\rho = \frac{1}{\varkappa} = \frac{1}{neb} ,$$ (29)

der in geläufigen Tabellen häufig statt der Leitfähigkeit angegeben wird.

Der Widerstand eines homogenen Leiters, dessen Länge groß ist gegenüber seinen Querschnittsabmessungen, ist proportional seiner Länge und umgekehrt proportional seinem Querschnitt und der Leitfähigkeit seines Materials.

Von großer praktischer Bedeutung ist die über die Leitfähigkeit gegebene Temperaturabhängigkeit des Widerstandes. Während über Legierungs- und Fertigungsgegebenheiten die Leitfähigkeit, gewollt oder ungewollt gesteuert, für einen gegebenen Werkstoff im allgemeinen als konstant anzusehen ist, können sich über den Temperatureinfluß die Leitfähigkeit und damit der Widerstand auch während des Betriebes ändern. Solche betriebsbedingten Widerstandsänderungen infolge Temperaturänderungen können unerwünscht sein, z.B. wenn sich dadurch die Betriebseigenschaften von Maschinen

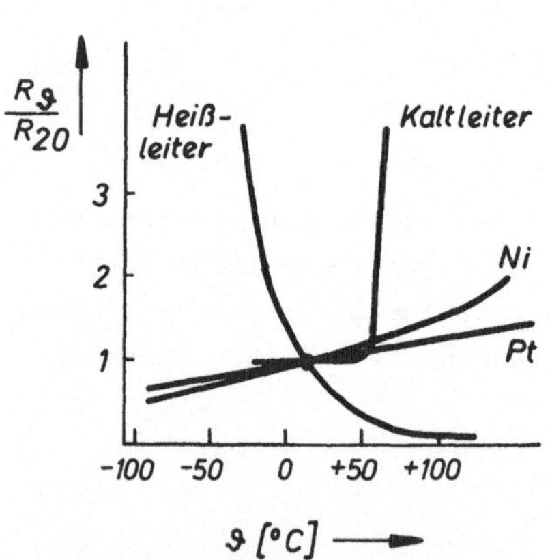

Bild 22: **Temperaturabhängigkeit von Widerständen verschiedener Werkstoffe**

oder Geräten ändern, aber auch bewußt durch eine gezielte Werkstoffbeeinflussung angestrebt werden, z.B. für Meß- und Überwachungsaufgaben. Auf der Basis der Halbleiterwerkstoffe lassen sich heute Leiter entwickeln, deren Widerstand nahezu jede gewünschte Temperaturabhängigkeit besitzt (s.Bild 22).

Für viele Werkstoffe, insbesondere metallische Leiter, kann
der Widerstand über größere Temperaturbereiche mit ausreichen-
der Genauigkeit durch eine lineare Funktion der Temperatur
dargestellt werden. Dazu wurde der

Temperaturbeiwert (Temperaturkoeffizient) α

eingeführt. Dieser Temperaturbeiwert gibt an, um wieviel sich
der Wert eines Widerstandes bei einer Temperaturänderung von
einem Grad ändert. Je nach Höhe der Ausgangstemperatur ϑ_1 hat
α verschieden große Werte, d.h. α ist eine Funktion der Temperatur. Um in dem für technische Gegebenheiten besonders interessanten Bereich mit einfachen Ausdrücken rechnen zu können,
wird ein mittlerer Temperaturbeiwert α_M eingeführt, der für
einen bestimmten Temperaturbereich konstant ist.

Bei der Temperatur ϑ_1 habe der Widerstand den Wert R_1. Erhöht
sich die Temperatur auf ϑ_2, so ändert er sich um

$$R_1 \alpha_M (\vartheta_2 - \vartheta_1).$$

Damit beträgt der Widerstand bei der Temperatur ϑ_2

$$R_2 = R_1 + R_1 \alpha_M (\vartheta_2 - \vartheta_1).$$

$$R_2 = R_1 [1 + \alpha_M (\vartheta_2 - \vartheta_1)] \tag{30}$$

Für den Bereich von $\vartheta = 0 \div 100^\circ C$ beträgt α_M z.B. für

$$\text{Kupfer:} \quad \alpha_M = 4,28 \cdot 10^{-3} \ K^{-1},$$
$$\text{Platin:} \quad \alpha_M = 3,91 \cdot 10^{-3} \ K^{-1}.$$

Für die meisten Leiter ist der Temperaturbeiwert positiv, d.h.
der Widerstand dieser Leiter steigt mit zunehmender Erwärmung.
Es gibt aber auch Werkstoffe, z.B. Kohle, bei denen α_M
negativ ist. Der Widerstand solcher Werkstoffe wird mit zunehmender Temperatur kleiner.

In den üblichen Tabellen werden der spezifische Widerstand ϱ bzw. die Leitfähigkeit $\varkappa$ und auch der Temperaturbeiwert α oft auf 20°C Leitertemperatur bezogen angegeben. Mit diesen Werten errechnet sich der Widerstand eines Leiters bei der Temperatur ϑ zu

$$R_{\vartheta} = R_{20}[1 + \alpha_{20}(\vartheta - 20^{\circ}C)]. \tag{30a}$$

Diese Gleichung liefert für technische Gegebenheiten genügend genaue Ergebnisse bis zu Leitertemperaturen von <u>etwa 200°C</u>. Für exaktere Rechnungen und bei größeren Temperaturintervallen liefert die Gleichung

$$R_{\vartheta} = R_{20}[1 + \alpha_{20}(\vartheta - 20^{\circ}C) + \beta_{20}(\vartheta - 20^{\circ}C)^2] \tag{30b}$$

genauere Werte.

Im Bereich von $\vartheta = 0 \div 600^{\circ}$C gilt z.B. für

$\qquad$ Platin: $\alpha_{20} = +3{,}91 \cdot 10^{-3}$ K^{-1} $\qquad$ $\beta_{20} = -0{,}59 \cdot 10^{-6}$ K^{-2}

und im Bereich von $\vartheta = 0 \div 200^{\circ}$C für

$\qquad$ Nickel: $\alpha_{20} = +5{,}43 \cdot 10^{-3}$ K^{-1} $\qquad$ $\beta_{20} = +7{,}85 \cdot 10^{-6}$ K^{-2}

<u>Temperaturmessung über Widerstandsänderung</u>
Die Temperaturabhängigkeit der Leiterwerkstoffe wird häufig dazu verwendet, die Leitertemperatur zu bestimmen. Ist z.B. der Widerstand eines Leiters bei der Temperatur ϑ_K mit R_K bekannt und ändert er sich dann auf den Wert R_W, so beträgt seine Temperatur

$$\vartheta_W = \frac{1}{\alpha}\left[\frac{R_W}{R_K} - (1 - \alpha\,\vartheta_K)\right]. \tag{31}$$

Der durch diese Gleichung beschriebene lineare Zusammenhang zwischen R_W und ϑ_W gilt aber nur in einem begrenzten Temperaturbereich.

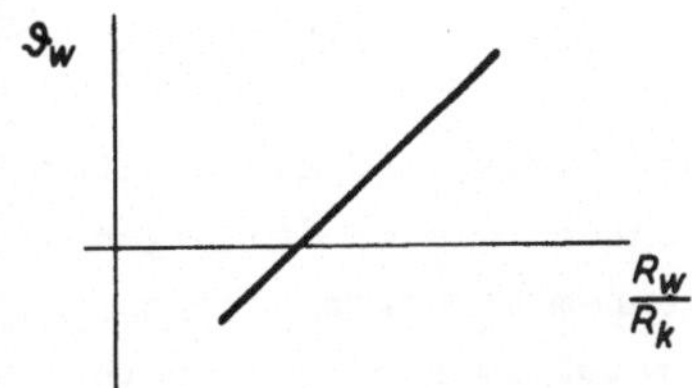

Bild 23: Leitertemperatur als Funktion des bezogenen Widerstandes

In vielen praktisch betriebenen Stromkreisen wird der Widerstand über seine Temperaturabhängigkeit auch abhängig von dem ihn durchfließenden Strom bzw. von der Spannung, an der er betrieben wird. Nach Gl.(36) ergibt sich die Verlustleistung in einem Widerstand zu $P=I^2R=U^2/R$. Da diese im Inneren des Widerstandes auftretende Verlustleistung im stationären Betrieb gleich ist der über die Oberfläche temperaturabhängig abgeführten thermischen Leistung, stellt sich bei einem stromdurchflossenen Widerstand seine Temperatur und damit sein Widerstand stromabhängig ein. Damit wird aber der Zusammenhang zwischen Spannung und Strom für einen Widerstand nicht mehr durch eine lineare Funktion beschrieben, die als

Ohmsches Gesetz

$$U = RI \quad \text{(R unabhängig von I und U)} \tag{32}$$

bezeichnet wird, sondern durch eine nichtlineare Funktion

$$U = IR(I) \tag{33}$$

Ein solches nichtlineares Widerstandsverhalten wird im folgenden Abschnitt 2.5.4. beschrieben.

2.5.4. <u>Allgemeine Definition des elektrischen Widerstandes</u>

Bei praktischen Anordnungen kann man den Widerstand eines Stromkreises häufig nicht so einfach berechnen, wie es in obigen
Gleichungen für R angegeben ist. In einem Stromkreis können
Strombahnen vorkommen, die nicht in metallischen Werkstoffen
verlaufen, deren lineare Querschnittsabmessungen nicht mehr
klein gegenüber der Länge sind usw.. Der Widerstand solcher
Leitungsgebiete kann nicht nach Gleichung (28) berechnet
werden. In jedem Fall läßt sich der Widerstand der Anordnung
entsprechend der allgemeinen Definition des Widerstandes aber
durch Strom- und Spannungsmessungen bestimmen.

*Der elektrische Widerstand ist unabhängig von Ab-
messungen und Werkstoffen des Leiters allgemein als
Quotient aus Spannung und Strom definiert.*

$$R = \frac{U}{I} \; . \tag{34}$$

Während bei metallischen Werkstoffen konstanter Temperatur
der Widerstand R konstant ist - es besteht also ein linearer
Zusammenhang zwischen Strom und Spannung -, gibt es auch
Stromkreise, deren Widerstand von der Größe des fließenden
Stromes R=f(I) oder der angelegten Spannung R=f(U) abhängt.
Strom und Spannung sind dann über eine nichtlineare Beziehung
miteinander verknüpft, so daß der Quotient U/I, d.h. der
Widerstand R, nicht mehr konstant ist.

Ein nichtlineares Widerstandsverhalten kann je nach Problem-
stellung beschrieben werden durch

    a) die Angabe der Funktion

$$I = f(U) \text{ bzw. } U = f(I) \; ;$$

    b) die Angabe des Absolutwertes und der Steigung der
       Kennlinie

$$\frac{U}{I} \text{ und } \frac{dU}{dI} \; ;$$

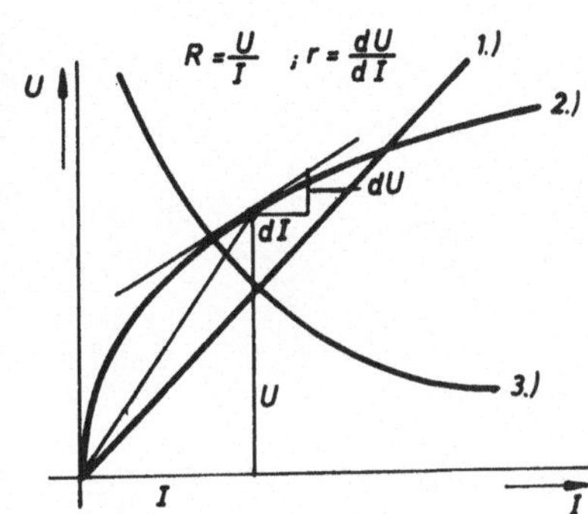

Bild 24: **Widerstandskennlinie**

c) die alleinige Angabe der Steigung

$$\frac{dU}{dI} \; .$$

Die vorstehend erwähnte Steigung wird als <u>differentieller Widerstand</u> bezeichnet:

$$r = \frac{dU}{dI} \; . \qquad (35)$$

In Bild 24 sind die grundsätzlichen Möglichkeiten des Widerstandsverhaltens elektrischer Stromkreise dargestellt, und zwar in der Kurve

1.) ein linearer Widerstand (r = konst. = R), z.B. Kupfer,
2.) ein nichtlinearer Widerstand mit positivem differentiellem Widerstand, z.B. Diodenkennlinie,
3.) ein nichtlinearer Widerstand mit negativem differentiellem Widerstand, z.B. Gasentladungen.

Mit der allgemeinen Definition des Widerstandes R folgt aus Gl.(34), daß die Spannung U an einem Widerstand auch durch das Produkt IR ersetzt und in dieser Form in den Spannungssatz ΣU=0 in Gl.(15a) bzw. Gl.(17a) eingesetzt werden kann. Der Spannungszählpfeil für dieses Produkt IR hat dann die Richtung des Stromzählpfeiles (für die praktische Anwendung siehe 3.4.).

2.5.4.1. <u>Dimension und Einheit des elektrischen Widerstandes</u>

Nach Gl.(34) ergibt sich die abgeleitete <u>Dimension des Widerstandes</u>

$$\text{dim(Widerstand)} = \text{dim}\left(\frac{\text{Spannung}}{\text{Strom}}\right) .$$

Die <u>Einheit des Widerstandes</u> wurde mit einem eigenen Namen, dem

<u>Ohm</u> Ω

belegt und ihr Kehrwert mit

<u>Siemens</u> $S = \frac{1}{\Omega}$.

Im <u>M K S A - System</u> (siehe 1.6.1.) wurde die abgeleitete Einheit Ohm entsprechend dem Ohmschen Gesetz zu

$$1\Omega = \frac{1V}{1A} = 1\frac{m^2 kg}{s^3 A^2}$$

definiert. Darin ist das Ampere eine Basiseinheit entsprechend 2.3.1. und das Volt eine abgeleitete Einheit entsprechend 2.4.1.2.

Als <u>Internationales Ohm</u> (siehe 1.6.1.) (Ω_{int}) ist der Widerstand einer Quecksilbersäule von 106,300cm Länge und einem konstanten der Masse 14,4521g entsprechenden Querschnitt bei der Temperatur des schmelzenden Eises definiert. Diese Definition des Ohm unterscheidet sich in den Zahlenwerten nur unwesentlich von der des M K S A - Systems ($1\Omega_{int}=1,00049\Omega$).

2.6. <u>Elektrische Leistung</u>

Wie bereits in 2.4.3. Gl.(13) beschrieben, ergibt sich die Leistung in einem Leitungsgebiet zwischen zwei Punkten als Produkt aus dem Strom durch dieses und der Spannung an diesem Leitungsgebiet.

$$P = UI \qquad\qquad (13a)$$

Sind Strom und/oder Spannung zeitlich nicht konstant, ist auch die Leistung eine Funktion der Zeit.

$$P(t) = U(t)I(t) \tag{13b}$$

In einem Widerstand des Wertes R läßt sich mit Hilfe der
Gl.(34) die Leistung auch aus Spannung oder Strom allein berechnen.

$$P = I^2R = \frac{U^2}{R} . \tag{36}$$

Aus der Leistung ergibt sich die <u>Energie</u> durch Integration
über der Zeit

$$W = \int P(t)dt. \tag{37}$$

<u>Umwandlung der elektrischen Energie</u>

Es sei nochmals ausdrücklich darauf hingewiesen, daß Energie
nicht "erzeugt" oder "verbraucht", sondern nur in andere
Energieformen umgewandelt wird. Einen Überblick über die am
häufigsten angewandten Energieumwandlungen gibt Bild 25.

2.6.1. <u>Dimensionen und Einheiten von Energie und Leistung</u>

Für die <u>Dimensionen</u> gelten die Beziehungen:

    dim (elektr.Energie) = dim (Spannung·Strom·Zeit)

    dim (elektr.Leistung) = dim (Spannung·Strom).

Bei praktischen Dimensionsbetrachtungen braucht die in vorstehenden Ausdrücken eingesetzte abgeleitete Dimension
"Spannung" meist nicht auf die mechanischen Grunddimensionen
(siehe 2.4.1.2.) zurückgeführt zu werden.

Als <u>Einheit</u> wurde für die Leistung eine abgeleitete Einheit
mit der besonderen Bezeichnung

    <u>Watt W</u>

Energieform	mechanische	thermische	optische	elektrische	chemische
mechanische →	Getriebe			Konvent. <u>Generator</u> MHD-Generator	
thermische →		Absorptions- Kältemaschine		Thermoelement	
optische →			Fluoreszenz	Photozellen	
elektrische →	Elektromotor	<u>Ohmscher Widerstand</u> Peltiereffekt	Leuchtstoff- röhre	<u>Transformator</u> Umrichter	Bleiakkumu- lator
chemische →				Bleiakkumu- lator chemisches Element	Reformer

Bild 25: Möglichkeiten der Energieumformung

eingeführt mit der Definition

$$1W = 1V \cdot 1A.$$

In dem <u>M K S A - System</u> (siehe 1.6.1.) ergibt diese Definition

$$1W = 1\frac{m^2 kg}{s^3} \ .$$

Mit den <u>Internationalen Einheiten</u> (siehe 1.6.1.) erhält man das Internationale Watt

$$1W_{int} = 1V_{int} \ 1A_{int} \ ,$$

das aber, wie sich später herausstellte, nicht mit dem aus den mechanischen Einheiten definierten Watt ($1W = 10^7 erg/s$) genau übereinstimmt. Die Abweichung beträgt allerdings nur $0{,}19^o/oo$.

Für die <u>elektrische Energie</u> wird meist die abgeleitete Einheit

<u>Wattsekunde</u> Ws

verwendet.

3. Methoden zur Berechnung elektrischer Kreise bei Gleichstrom

Die bisher betrachteten Stromkreise bestanden lediglich aus
der geschlossenen Hintereinanderschaltung einer Spannungsquelle mit einem oder mehreren Widerständen. In der Praxis
treten jedoch häufig Schaltungen auf, in denen nicht nur mehrere Widerstände, sondern auch mehrere Spannungsquellen in
Serien- und/oder Parallelschaltung miteinander verbunden sind.
Um solche komplizierteren Schaltungen rationell berechnen zu
können, hat man besondere Methoden entwickelt, die im folgenden erläutert werden sollen.

3.1. Ersatzschaltbilder

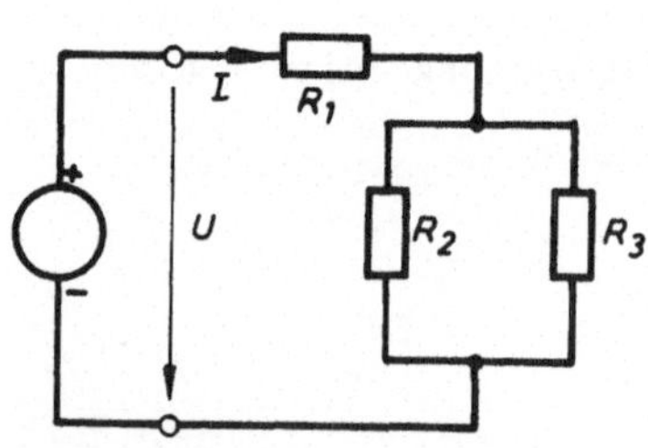

Bild 26: Stromkreis mit Wider-
standssymbolen

Bei praktisch ausgeführten
Stromkreisen sind die Widerstände räumlich mehr oder weniger kontinuierlich verteilt.
Sie werden aber bei den theore-
tischen Betrachtungen in konzentriert angenommenen Widerstandselementen zusammengefaßt
und durch Widerstandssymbole
dargestellt, die durch widerstandslos angenommene Leitungen
miteinander verbunden sind. In einem Stromkreis treten im
allgemeinen Kombinationen von Reihen- und Parallelschaltungen
auf (s.Bild 26).

Praktisch haben auch die in den Stromkreisen wirkenden Spannungsquellen einen inneren Widerstand, z.B. wird bei einem
Gleichspannungsgenerator die Spannung in einer Wicklung induziert, die aus Kupferleitern besteht, also einen Widerstand
hat. Dieser innere Widerstand ist homogen und untrennbar mit
der Erzeugung der Spannung verkettet. Indem man die Erzeugung
der Spannung und den Widerstand der Spannungsquelle als von-

einander getrennt annimmt, lassen sich auch Spannungsquellen
idealisiert darstellen, d.h.,eine praktisch ausgeführte Spannungsquelle wird dargestellt als
Kombination aus dem idealisiert
angenommenen widerstandslosen
Spannungserzeuger, der die treibende Spannung stellt - Quellenspannung U_q oder Elektromotorische Kraft (EMK) U_i genannt -
und dem inneren Widerstand R_i
(s.Bild 27).

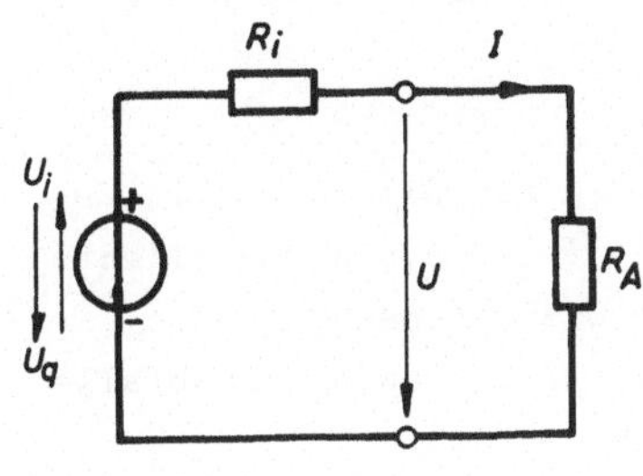

**Bild 27: Spannungsquelle mit
innerem Widerstand**

Wird eine Spannungsquelle durch einen äußeren Widerstand R_A
belastet, so fließt der Strom I, und es tritt entsprechend dem
Ohmschen Gesetz an dem inneren Widerstand eine Spannung auf.
Diese Spannung wird als

$$\underline{\text{innerer Spannungsabfall}} \qquad U_{Ri} = IR_i \qquad\qquad (38)$$

bezeichnet. Fließt kein Strom durch die Spannungsquelle, so
tritt an den Klemmen die volle erzeugte Spannung (EMK) in Erscheinung, die als

$$\underline{\text{Leerlaufspannung}} \qquad U_L = U_i = U_q \qquad\qquad (39)$$

bezeichnet wird. Fließt ein Strom durch die Spannungsquelle,
so tritt an den Klemmen die um den inneren Spannungsabfall
verminderte Leerlaufspannung in Erscheinung, die als

$$\underline{\text{Klemmenspannung}} \qquad U = U_q - IR_i = U_i - IR_i \qquad (40)$$

bezeichnet wird.

Die Betrachtungen zeigen, daß man innerhalb eines Stromkreises die Spannungsbegriffe nicht nur nach ihrer Art, d.h.
ihrer physikalischen Wirkung, unterscheiden muß, sondern auch
danach, über welchen Bereich eines Stromkreises sie auftreten:

1.) <u>Die Quellenspannung oder induzierte Spannung einer
    Spannungsquelle</u>
    Das ist die in einer Spannungsquelle erzeugte, den
    Strom verursachende Spannung.

2.) <u>Der Spannungsabfall</u>
    Das ist die Spannung, die an einem Widerstand in Er-
    scheinung tritt, wenn durch diesen ein Strom fließt.
    U = IR ist im Gegensatz zur Quellenspannung eine
    "passive Spannung". Den Begriff des Spannungsabfalls
    kann man wiederum unterteilen in den

   2.1.) <u>inneren Spannungsabfall</u>,
         der am inneren Widerstand einer Spannungs-
         quelle auftritt, und den
   2.2.) <u>äußeren Spannungsabfall</u>,
         der an den Widerständen des äußeren Strom-
         kreises auftritt.

3.) <u>Die Klemmenspannung</u>
    Das ist die Spannung, die bei einer belasteten Span-
    nungsquelle tatsächlich an den Klemmen gemessen wer-
    den kann $U = U_q - IR_i$. Bei unbelasteter Spannungsquelle,
    also im Leerlauf, ist $U = U_L = U_q$.

Besteht eine Schaltung aus mehreren Kreisen, bezeichnet man
sie im allgemeinen als <u>Netzwerk</u>. Der jeweils zwischen zwei
Verbindungspunkten liegende Leitungszug wird als <u>Zweig</u> bezeichnet.

Die Widerstände der verschiedenen Zweige, die sich aus den
geometrischen Abmessungen und den Materialeigenschaften der
Leiter, Verbraucher usw. ergeben, werden in konzentrierten
Widerstandselementen zusammengefaßt, die über widerstandslose
Leitungen mit den Verzweigungspunkten bzw. den Spannungsquellen verbunden sind. Die Spannungsquellen werden als Reihenschaltung aus widerstandsloser Spannungsquelle und konzentriert angenommenem innerem Widerstand dargestellt.

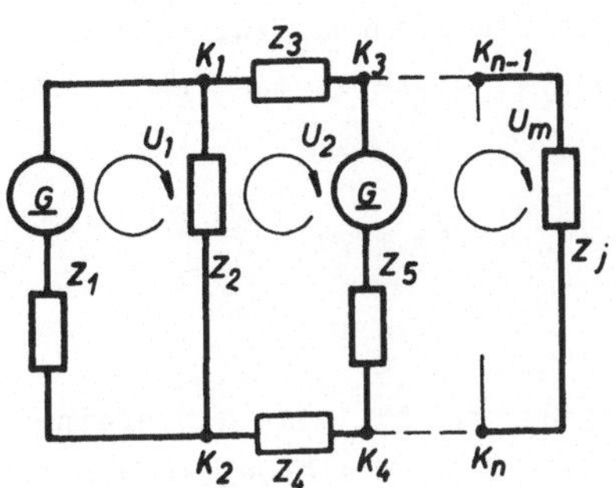

Bild 28: Ersatzschaltbild eines
Netzwerkes

Dieses idealisiert dargestell-
te Netzwerk wird als Ersatz-
schaltbild des tatsächlichen
Netzwerkes bezeichnet. Die
Verbindungspunkte heißen
Knoten, und jeder geschlossene
Umlauf wird als Masche be-
zeichnet, z.B. besteht das
Netzwerk in Bild 28 aus:

$K_1 \div K_n$ Knotenpunkte

$U_1 \div U_m$ Maschen

$Z_1 \div Z_j$ Zweige (Leitungszüge
zwischen zwei Knoten)

Man kann so jedes komplizierte Netzwerk als aus einzelnen
Schaltelementen aufgebaut darstellen, die jeweils für sich
nur zwei Anschlußklemmen besitzen. Man bezeichnet diese
Schaltelemente deshalb auch als Zweipole.

3.1.1. Serienschaltung von Widerständen

In einem Stromkreis entsprechend Bild 29 sind die Spannungsquelle, ihr innerer Widerstand und mehrere äußere Widerstände
hintereinandergeschaltet. In solchen Stromkreisen, die keine
Verzweigungen enthalten, fließt an jeder Stelle der gleiche
Strom. Die Spannungsabfälle an den Widerständen einer Reihenschaltung können aber recht unterschiedlich sein, wie folgende Betrachtung zeigt:

Der in allen Widerständen gleiche Strom I bewirkt am Widerstand R_1 den Spannungsabfall

$$U_1 = IR_1,$$

am Widerstand R_2

$$U_2 = IR_2$$

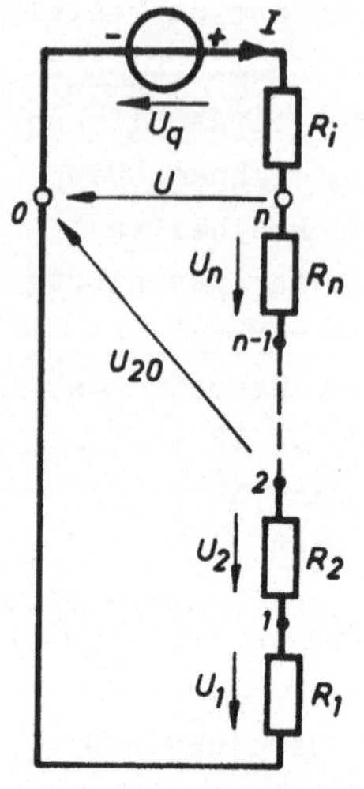

Bild 29: Reihenschaltung von Widerständen

usw.. Mißt man die Spannung zwischen den Punkten 2 und 0, so stellt man fest, daß diese

$$U_{20} = U_1 + U_2 = I(R_1 + R_2)$$

beträgt.

Das gleiche gilt nun für alle hintereinander geschalteten Widerstände, so daß die Summe aller äußeren Spannungsabfälle gleich ist der Klemmenspannung

$$U_{no} = U_1 + U_2 \ldots + U_n = I(R_1 + R_2 \ldots + R_n) = U$$

oder daß die Summe aller äußeren und inneren Spannungsabfälle gleich ist der in der Spannungsquelle erzeugten Quellenspannung:

$$U_q = I(R_i + R_1 + R_2 \ldots + R_n).$$

Für eine Reihenschaltung gilt, daß sich die Spannungsabfälle der hintereinander geschalteten Widerstände addieren.

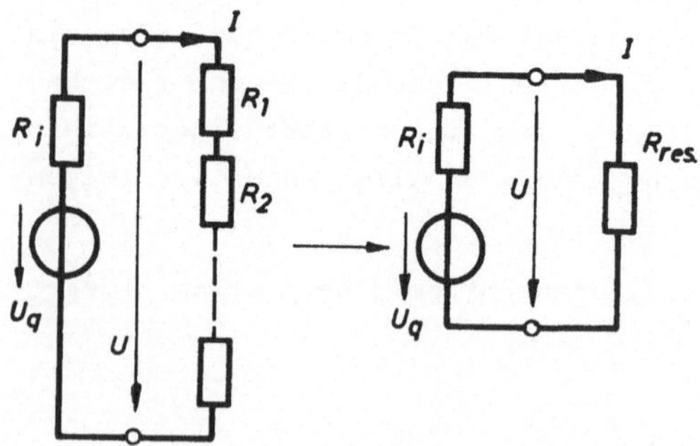

Bild 30: Ersatzwiderstand einer Reihenschaltung

Dividiert man obige Gleichung durch I, so ergibt sich mit Hilfe des Ohmschen Gesetzes der resultierende Widerstand aller Teilwiderstände:

$$\frac{U}{I} = R_{Res} = \frac{U_1}{I} + \frac{U_2}{I} + \dots + \frac{U_n}{I} \, ,$$

$$R_{Res} = R_1 + R_2 \dots + R_n \, .$$

Der Gesamtwiderstand einer Reihenschaltung ergibt sich als Summe aller Einzelwiderstände.

$$R_{Res} = \sum_{\nu=1}^{n} R_\nu \, . \tag{41}$$

Der resultierende Leitwert wird aus der Summe der Kehrwerte berechnet:

$$\frac{1}{G} = \sum_{\nu=1}^{n} \frac{1}{G_\nu} \, . \tag{42}$$

Aus der Erkenntnis, daß der Strom in allen hintereinander geschalteten Widerständen der gleiche ist,

$$I = \frac{U_1}{R_1} = \frac{U_2}{R_2} = \frac{U_n}{R_n} \, ,$$

läßt sich die für Reihenschaltungen gültige sogenannte Spannungsteilerregel ableiten.

$$\frac{U_{\nu 1}}{U_{\nu 2}} = \frac{R_{\nu 1}}{R_{\nu 2}} \tag{43}$$

In einer Reihenschaltung sind die Spannungsabfälle proportional den Widerständen, an denen sie auftreten.

3.1.2. Parallelschaltung von Widerständen

Entsprechend den Erläuterungen in 2.5. gilt für Verzweigungspunkte einer Parallelschaltung, daß die Summe der durch beide Zweige fließenden Ladungsmengen gleich ist der Ladungsmenge, die in der Zuleitung zu den beiden Zweigen fließt. Die Summe

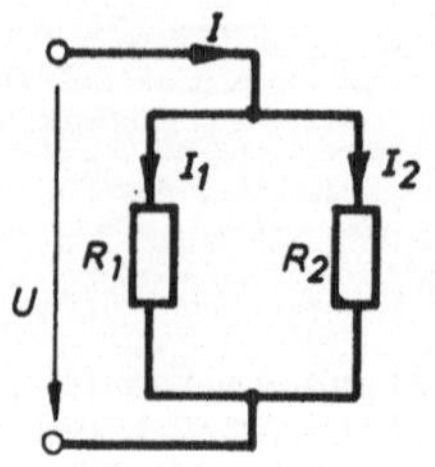

Bild 31: Parallel-
schaltung

der beiden Ströme in den Parallelzweigen
ist daher gleich dem Gesamtstrom.

$$I = I_1 + I_2$$

Hat man eine Parallelschaltung aus mehreren
Widerständen, so folgt aus den vorstehenden
Erläuterungen:

*Die Summe aller Teilströme in parallelgeschalteten
Zweigen ist gleich dem Strom, der dieser Parallelschaltung zufließt.*

$$I = \sum_{\nu=1}^{n} I_\nu \ .$$

Ersetzt man in dieser Summengleichung die Ströme entsprechend
dem Ohmschen Gesetz durch U und R, so ergibt sich

$$I = \frac{U}{R_{Res}} = \frac{U}{R_1} + \frac{U}{R_2} + \ldots + \frac{U}{R_n} \ .$$

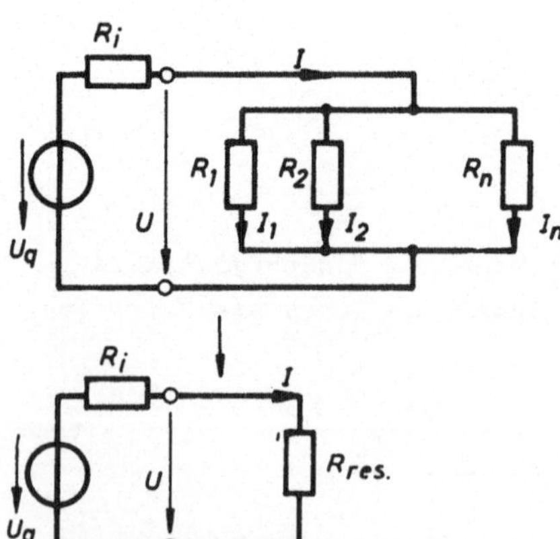

Bild 32: Ersatzwiderstand einer
Parallelschaltung

Da alle Widerstände einer
Parallelschaltung an der
gleichen Spannung liegen, ist
U in obiger Gleichung konstant. Man kann daher die
Gleichung durch U dividieren
und erhält

$$\frac{1}{R_{Res}} = \sum_{\nu=1}^{n} \frac{1}{R_\nu} \ . \qquad (44)$$

Man kann sich also auch die
parallelgeschalteten Widerstände durch einen resultierenden Widerstand ersetzt
denken.

Der Kehrwert des resultierenden Widerstandes einer Parallelschaltung ergibt sich als Summe der Kehrwerte aller Einzelwiderstände.

Führt man die Leitwerte ein, so gilt

$$G_{Res} = \sum_{\nu=1}^{n} G_\nu \quad . \tag{45}$$

Der resultierende Leitwert einer Parallelschaltung ist gleich der Summe der Einzelleitwerte.

Für den speziellen Fall der Parallelschaltung zweier Widerstände ergibt sich der resultierende Widerstand

$$R_{Res} = \frac{R_1 R_2}{R_1 + R_2} \quad .$$

Aus der Gleichheit der Spannung an allen parallelgeschalteten Widerständen

$$U = I_1 R_1 = I_2 R_2 = \dots I_n R_n = \frac{I_1}{G_1} = \frac{I_2}{G_2} = \dots = \frac{I_n}{G_n}$$

läßt sich die für parallele Zweige gültige sogenannte <u>Stromteilerregel</u> ableiten:

$$\frac{I_{\nu 1}}{I_{\nu 2}} = \frac{R_{\nu 2}}{R_{\nu 1}} = \frac{G_{\nu 1}}{G_{\nu 2}} \quad . \tag{46}$$

In parallelen Zweigen sind die Teilströme umgekehrt proportional den entsprechenden Zweigwiderständen, bzw. direkt proportional deren Leitwerten.

3.2. Zählpfeile für Spannung und Strom

Die Spannungs- und Stromrichtungen werden durch Zählpfeile an den betreffenden Zweigen des Netzwerkes gekennzeichnet, die bei der Rechnung das Vorzeichen von Spannung und Strom bestimmen.

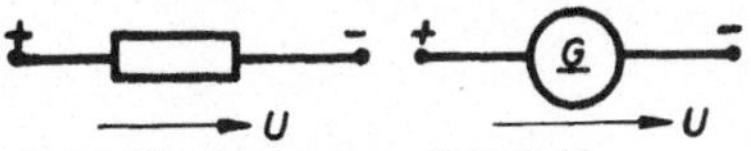

Vereinbarungsgemäß zeigt der Spannungspfeil an einem Zweipol von der positiven zur negativen Klemme.

Bild 33: Spannungszählpfeil

Bild 34: Stromzählpfeil

Vereinbarungsgemäß wird der Zählpfeil des Stromes in Richtung des definierten Stromflusses eingetragen.

Im äußeren Stromkreis fließt der Strom definitionsgemäß von plus nach minus, also zeigt auch der Stromzählpfeil von plus nach minus, d.h. in die gleiche Richtung wie der Zählpfeil der Klemmenspannung. Dagegen fließt der Strom im Innern einer Spannungsquelle entgegengesetzt, so daß der Stromzählpfeil hier von minus nach plus weisend eingetragen werden muß, d.h. entgegengesetzt der Richtung des Zählpfeiles der Klemmenspannung.

An einem beliebigen Schaltelement (Zweipol), von dem man nicht weiß, ob es einen Widerstand oder eine Spannungquelle darstellt, kann also der Zählpfeil des Stromes, entsprechend obiger Definition zunächst nicht eindeutig eingetragen werden, da es zwei Kombinationsmöglichkeiten in der Zuordnung der Strom- und Spannungszählpfeile gibt.

Im Rahmen der formalen Behandlung von Netzwerken kann man völlig unabhängig von dem physikalischen Charakter der Schaltelemente eine der beiden Kombinationsmöglichkeiten beliebig wählen, muß sich dann aber unabdingbar an die für diese Kombination gültigen Vorzeichenregeln halten. Die für beide Kombinationsmöglichkeiten - allgemein als Verbraucher- und Erzeugerzählpfeilsystem bezeichnet - gültigen Regeln sind im folgenden näher erläutert.

3.2.1. Verbraucherzählpfeilsystem (VZS)

Im Verbraucherzählpfeilsystem werden die Zählpfeilrichtungen so
gewählt, daß sie den für den äußeren Stromkreis - also Verbraucher - definierten Strom- und Spannungsrichtungen entsprechen.

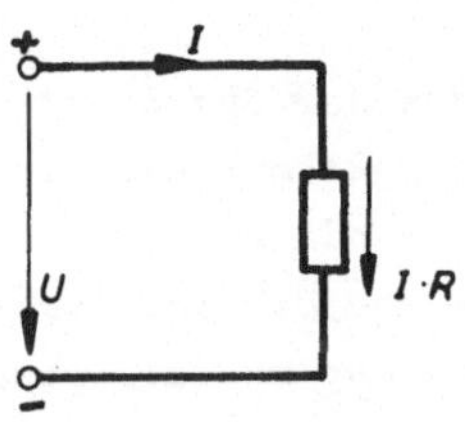

Es wird also der Spannungszählpfeil vom Plus- zum
Minus-Pol weisend und der
Stromzählpfeil vom Plus-Pol
in den Zweipol hineinweisend
angenommen, d.h. an einem
Schaltelement haben beide die
gleiche Richtung.

Bild 35: Verbraucherzählpfeilsystem

Besteht der Zweipol aus einem ohmschen Widerstand, so ist nach
dem Ohmschen Gesetz der Spannungsabfall, den der Strom an diesem
hervorruft, gleich IR. Dieser Spannungsabfall entspricht der angelegten Spannung, d.h. nach dem Kirchhoffschen Spannungssatz
(siehe 3.3.2.) gilt

$$U = IR .$$

Das ist das Ohmsche Gesetz in der gewohnten Form, welches demnach
offensichtlich für das Verbraucherzählpfeilsystem gilt.

Multipliziert man die Gleichung mit dem Strom I, so erhält man
die Leistungsgleichung

$$+IU = +I^2R .$$

Sie sagt aus, daß das positive Produkt aus der am Zweipol anliegenden Spannung und dem in diesen hineinfließenden Strom, die
sogenannte Zweipolleistung, gleich ist der in dem ohmschen Widerstand in Wärme umgesetzten Leistung.

Errechnet sich das Produkt aus Strom und Spannung negativ, so
entspricht das einer Umkehrung der Strom- oder Spannungsrichtung,
d.h. einer Kombination von Strom- und Spannungsrichtung, wie sie
tatsächlich bei einer Spannungsquelle vorliegen. Daraus folgt,
daß die negativ errechnete Zweipolleistung als eine vom Zweipol
abgegebene Leistung gedeutet werden muß.

*Im Verbraucherzählpfeilsystem werden der Spannungs-
und Stromzählpfeil von einer Eingangsklemme des Zweipoles wegweisend angetragen, d.h. an einem Schaltelement weisen beide Zählpfeile in die gleiche Richtung.
Die hierfür positiv errechnete Leistung muß als eine
von dem Zweipol aufgenommene gedeutet werden, die
negativ errechnete dagegen als eine abgegebene.*

3.2.2. Erzeugerzählpfeilsystem (EZS)

Im Erzeugerzählpfeilsystem werden die Zählpfeilrichtungen so
gewählt, daß sie den für eine Energie abgebende Spannungsquelle
definierten Strom- und Spannungsrichtungen entsprechen.

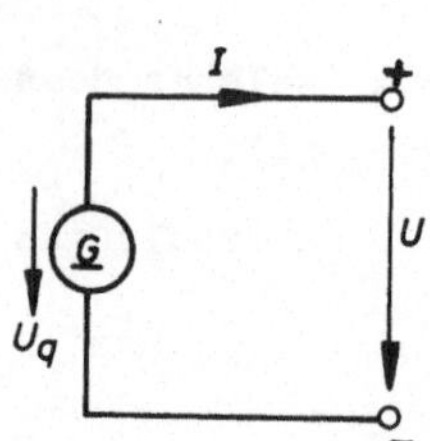

Es wird also der Spannungszählpfeil
vom Plus- zum Minus-Pol weisend und
der Stromzählpfeil vom Plus-Pol aus
dem Zweipol herausweisend angenommen,
d.h. an einem Schaltelement haben
beide Zählpfeile entgegengesetzte
Richtungen.

Bild 36: Erzeugerzählpfeilsystem

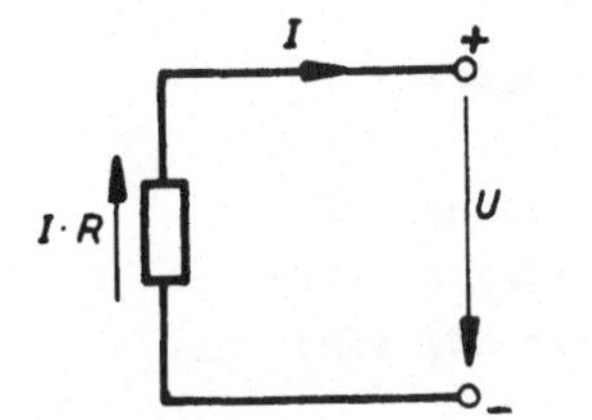

Bild 37: Erzeugerzählpfeilsystem

Besteht z.B. der Zweipol aus einem ohmschen Widerstand, so ist der Spannungsabfall IR, den der Strom an diesem hervorruft, entgegengesetzt gerichtet der Spannung, die an den Klemmen des Zweipols anliegt. Aus dem Spannungssatz (s.3.3.2.) folgt

$$-U = +IR \ . \tag{47}$$

Diese Form des Ohmschen Gesetzes gilt für das Erzeugerzählpfeilsystem.

Durch Multiplikation der Gleichung mit I erhält man die Leistungsgleichung

$$-IU = +I^2R \ , \tag{48}$$

die aussagt, daß das negative Produkt aus der am Zweipol anliegenden Spannung und dem aus dem Zweipol fließenden Strom, also die negative Zweipolleistung, gleich ist der Leistung, die in dem ohmschen Widerstand in Wärme ungesetzt wird, also vom Zweipol aufgenommen wird.

Das positiv errechnete Produkt aus Strom und Spannung würde bedeuten, daß die zunächst im Sinne des EZS - also einem Stromerzeuger entsprechend - definitiv angetragenen Zählpfeile auch der Strom- und Spannungsrichtung des betrachteten Zweipoles entsprechen, d.h. daß dieser die Leistung UI abgibt.

Im Erzeugerzählpfeilsystem werden der Spannungszählpfeil von einer Eingangsklemme des Zweipoles wegweisend, der Stromzählpfeil dagegen auf diese Klemme zuweisend angetragen, d.h. an einem Schaltelement

weisen beide Zählpfeile in entgegengesetzte
Richtungen.
Die hierfür positiv errechnete Leistung muß
als eine vom Zweipol abgegebene gedeutet wer-
den, die negativ errechnete dagegen als eine
aufgenommene.

Wie aus den vorstehenden Erläuterungen zu erkennen ist, kann
man formal die Vorzeichen der Leistung auch auf das physikalisch eigentlich nur interpretierbare positive Produkt I^2R
übertragen. Es werden dann die Eigenschaften einer elektrischen
Energiequelle formal durch einen <u>negativen ohmschen Widerstand</u>
(-R) dargestellt.

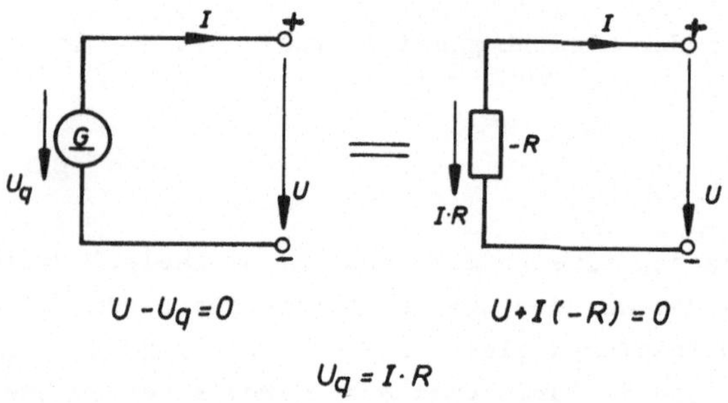

$$U - U_q = 0 \qquad\qquad U + I(-R) = 0$$

$$U_q = I \cdot R$$

Bild 38: Formale Darstellung einer Energieabgabe

3.3. <u>Anwendung der Kirchhoffschen Sätze auf Netzwerke</u>

3.3.1. <u>Erster Kirchhoffscher Satz (Knotenpunkt-Regel)</u>

Die Knotenpunkt-Regel, die in Bd.2, 4.4. näher erläutert ist, besagt, daß in einem Knotenpunkt die Summe aller
zufließenden Ströme gleich der Summe aller abfließenden Ströme
ist, da in einem Knoten keine Ladung verloren gehen oder neu

entstehen kann.

Auf Netzwerke mit eingetragenen Stromzählpfeilen angewendet heißt diese Regel:

In einem Knoten ist die Summe aller Ströme gleich Null. Ströme, deren Zählpfeile auf den Knoten zeigen, sind positiv (bzw. negativ) und Ströme, deren Zählpfeile vom Knoten wegzeigen, sind negativ (bzw. positiv) einzuführen.

$$\sum_n I_n = 0 \qquad \downarrow\!\! I \text{ positiv} \qquad \uparrow\!\! I \text{ negativ} \qquad (49)$$

3.3.2. Zweiter Kirchhoffscher Satz (Maschenregel)

Dieser Satz - der in 2.4., allgemeingültig aber in Bd.2 bei der Feldbetrachtung bewiesen ist - besagt, daß in Räumen, in denen kein sich zeitlich änderndes Magnetfeld auftritt, über einen beliebigen geschlossenen Umlauf die Summe aller Spannungsabfälle gleich ist der Summe aller in Spannungsquellen primär erzeugten Spannungen (Elektromotorische Kraft).

Auf Netzwerke angewandt heißt dieser Satz:

Über den geschlossenen Umlauf einer Masche ist die Summe der Spannungsabfälle U gleich der Summe aller induzierten Spannungen U_i . Die Richtung des Umlaufes kann willkürlich gewählt werden. Alle in der gewählten Umlaufrichtung liegenden EMK- und Spannungszählpfeile U_i und U werden positiv, alle entgegengesetzten negativ gezählt.

$$\Sigma U = \Sigma U_i \qquad\qquad (50)$$

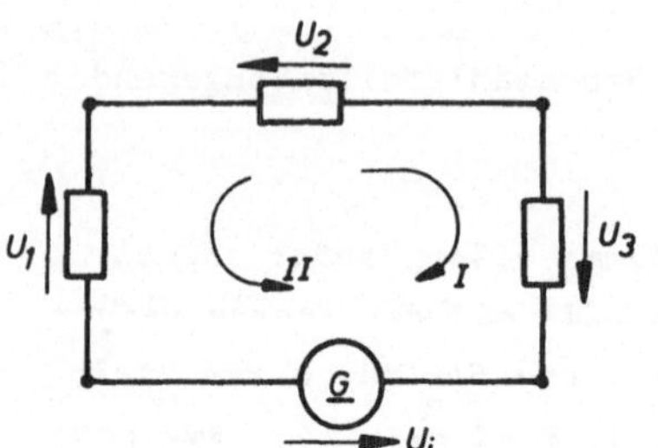

Bild 39: Masche mit Spannungszählpfeilen

Beispiel:

Umlauf I   : $U_1 - U_2 + U_3 = -U_i$

Umlauf II : $-U_3 + U_2 - U_1 = +U_i$

Vertauschen der Umlaufrichtung ist gleichbedeutend einer Multiplikation der Gleichung mit (-1).

Es bürgert sich immer mehr ein, statt mit Spannungsabfällen (passive Spannungen) und primär wirkenden (aktive) Spannungen (EMK) nur noch mit Spannungen zu rechnen, d.h. die induzierten Spannungen werden ebenfalls als allgemeine Spannungen aufgefaßt, wie dieses im Zusammenhang mit den Gln.(17) u. (17a) erläutert ist. Der zweite Kirchhoffsche Satz lautet dann:

Faßt man die in Spannungsquellen primär erzeugten Spannungen (EMK) - von minus nach plus weisend - auch als allgemeine Spannungen im Sinne des Spannungsabfalles auf - also von plus nach minus weisend -, so besagt der zweite Kirchhoffsche Satz, daß über einen geschlossenen Umlauf die Summe aller Spannungen gleich Null ist:

$$\sum_\nu U_\nu = 0 .$$

(50a)

3.3.2.1. <u>Darstellung der primär erzeugten Spannung (EMK)</u> <u>als allgemeine Spannung</u>

Die Spannung einer Spannungsquelle kann, wie in 2.4.erläutert, definitionsgemäß auf zwei verschiedene Arten dargestellt werden:

1) Durch die an den Klemmen auftretende auf den äußeren Stromkreis wirkende <u>Spannung</u> U, die definitionsgemäß von plus nach minus gerichtet ist. Da der Strom im äußeren Stromkreis definitionsgemäß ebenfalls von plus nach minus fließt, sind - auf den äußeren Stromkreis bezogen - die Richtungen von Spannung und Strom gleich. Diese Übereinstimmung der Richtung von Strom und Spannung entspricht der physikalischen Auffassung, daß die Spannungsrichtung die Richtung der Kraftwirkung auf die positiven Ladungsträger und damit deren Bewegungsrichtung angibt, die wiederum gleich ist der definitiv festgelegten Stromrichtung.

2) Durch die ursächlich erzeugte induzierte Spannung U_i <u>(EMK)</u>, die im Inneren der Spannungsquelle wirksam ist. Im Inneren der Spannungsquelle fließt nun aber der Strom von minus nach plus, d.h. die positiven Ladungsträger müssen sich ebenfalls von minus nach plus bewegen. Soll nun auch hier die Spannungsrichtung die Kraftwirkung auf die positiven Ladungsträger und damit deren Bewegungsrichtung wiedergeben, so muß diese ursächlich treibende Spannung im Inneren der Spannungsquelle auch von minus nach plus zeigend angenommen werden.

Damit hat aber diese induzierte Spannung (EMK) - von minus nach plus gerichtet - die entgegengesetzte Richtung wie die an den Klemmen auf den äußeren Stromkreis wirkende Spannung - von plus nach minus weisend - und muß demzufolge auch mit einem anderen Vorzeichen in

den zweiten Kirchhoffschen Satz eingeführt werden,
wenn der Umlauf sozusagen durch das Innere einer
Spannungsquelle gelegt wird.

Das folgende Beispiel soll diese Unterscheidungen anschaulich
anhand von Bild 40 erläutern:

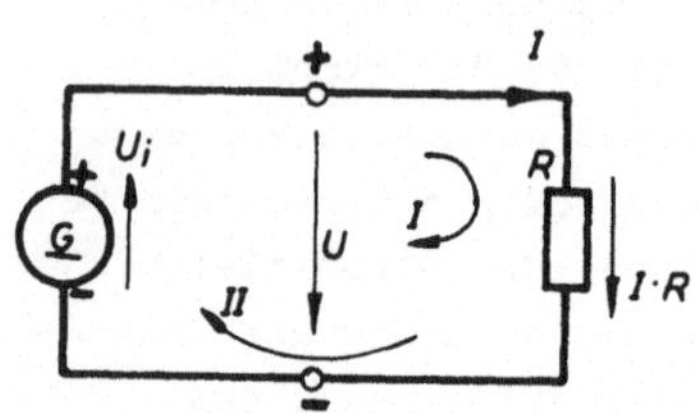

Bild 40: Masche mit Zählumläufen

Eine Spannungsquelle mit der
Klemmenspannung U - von plus
nach minus weisend - und der
im Inneren induzierten U_i
- von minus nach plus weisend -
sei mit einem Widerstand R
belastet, so daß im äußeren
Stromkreis der Strom I - von
plus nach minus weisend -
fließt, der an dem Widerstand
R den Spannungsabfall IR - von plus nach minus weisend - hervorruft.

In dem Zählumlauf I, der sich über die äußeren Klemmen schließt
und nicht durch das Innere der Spannungsquelle, tritt die Klemmenspannung U auf. Aus dem Spannungssatz ($\Sigma U = 0$)

$$IR - U = 0$$

ergibt sich der Strom

$$I = \frac{U}{R} \quad \text{positiv, d.h.,}$$

der Strom fließt in Richtung des angenommenen Zählpfeiles.

Aus dem durch das Innere der Spannungsquelle angenommenen
Zählumlauf II folgt aus dem Spannungssatz ($\Sigma U = \Sigma U_i$)

$$IR = U_i$$

der Strom

$$I = \frac{U_i}{R} \text{ positiv, d.h.}$$

auch hier wird die durch den Zählpfeil für I festgelegte Stromrichtung als richtig bestätigt. Beide Ergebnisse stimmen also
mit der Definition der Stromrichtung - von plus nach minus -
überein.

Würde man das unterschiedliche Vorzeichen von U_i im Spannungssatz
nicht beachten, d.h. würde man U_i in dem Umlauf II als eine Spannung auffassen, so müßte hierfür der Spannungssatz in der Form
$\Sigma U + \Sigma U_i = 0$ geschrieben werden, so daß sich aus

$$U_i + IR = 0$$

der Strom

$$I = -\frac{U_i}{R} \text{ negativ}$$

ergäbe, d.h. er würde entgegen der angenommenen Zählpfeilrichtung fließen. Da dieses im Widerspruch zu der Definition der
Stromflußrichtung von plus nach minus im äußeren Stromkreis
steht, muß die Anwendung des Spannungssatzes $\Sigma U = 0$ auf Stromkreise, in denen die primär treibende Spannung als induzierte
Spannung U_i aufgefaßt wird, zu Fehlern führen.

In dem vorstehenden Beispiel wurde eine widerstandslose Spannungsquelle angenommen, bei der $U = U_i = U_q$, d.h. bei der die
Klemmenspannung gleich der Quellen- bzw. induzierten Spannung, ist.
Hinsichtlich der Richtung bzw. des Vorzeichens gelten die Betrachtungen natürlich auch, wenn ein innerer Widerstand in Erscheinung tritt, der ja lediglich bei Belastung eine betragsmäßige
Verminderung der Klemmenspannung um den inneren Spannungsabfall
IR_i bewirkt.

Die primär in einer Spannungsquelle erzeugte Spannung
kann als induzierte Spannung U_i oder als Quellen-
spannung Uq aufgefaßt werden. Weisen die Spannungs-
pfeile von U_i und Uq in entgegengesetzte Richtungen,
dann ist U_i = Uq. Weisen beide Pfeile in gleiche Rich-
tung, dann ist jedoch $U_i = -U_q$.

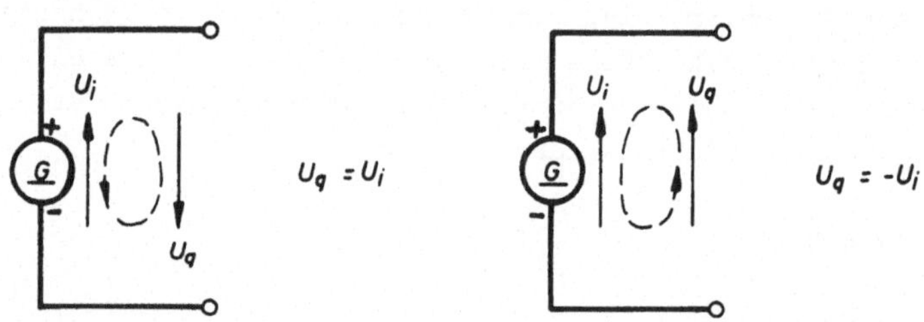

Bild 41: Zählpfeile für Quellenspannung U_q und induzierte Spannung U_i

Die Richtigkeit der unterschiedlichen Zählpfeilrichtungen bzw. der unterschiedlichen Vorzeichen von U_i und Uq im Zusammenhang mit dem Spannungssatz in der Form $\Sigma U + \Sigma Uq = 0$ (üblicherweise einfach als $\Sigma U = 0$ geschrieben) oder $\Sigma U - \Sigma U_i = 0$ kann auch durch die Untersuchungen des elektrischen Strömungsfeldes und der Induktionswirkung des magnetischen Feldes (s.Bd.2) bewiesen werden.

Wie man sieht, ist in einer Spannungsgleichung das Vorzeichen einer Spannung nur im Zusammenhang mit dem Zählpfeil zu deuten. Das gleiche gilt auch für Stromgleichungen.

Spannungs- und Stromgleichungen liefern nur im
Zusammenhang mit den zugehörigen Zählpfeilen
eine eindeutige Aussage.

3.4. Berechnung von Netzwerken

3.4.1. Allgemeine Regeln und Gang der Rechnung

Das Problem der Netzwerkberechnung besteht im allgemeinen darin, für eine gegebene Schaltungsanordnung die Ströme bzw. Spannungen in bzw. an den verschiedenen Zweigen der Schaltung zu berechnen. Zur Lösung dieses Problems empfiehlt sich folgendes schematisches Vorgehen:

1) Die gegebene Schaltung wird in idealisierte Schaltelemente zerlegt, d.h. es wird das Ersatzschaltbild des Netzwerkes aufgestellt.

2) In dieses Ersatzschaltbild werden die Zählpfeile für die gegebenen eingeprägten Spannungen eingezeichnet. Werden diese als induzierte Spannungen U_i aufgefaßt, so sind sie als U_i-"Spannungspfeile" von minus nach plus weisend einzutragen. Werden sie dagegen als Quellenspannungen aufgefaßt, so müssen sie als U_q-"Spannungspfeile" von plus nach minus weisend eingetragen werden.

3) In allen Zweigen werden Stromzählpfeile eingetragen, deren Richtung zunächst beliebig gewählt werden kann. Die tatsächliche Richtung des Stromes (von plus nach minus definiert) ergibt sich aus der willkürlich gewählten Richtung des Stromzählpfeiles und dem Ergebnis der Rechnung wie folgt:

   a) Liefert das Rechenergebnis einen positiven Strom, so stimmt die angenommene Richtung des Stromzählpfeiles mit der tatsächlichen Richtung des Stromes überein.

   b) Liefert das Rechenergebnis einen negativen Strom, so fließt der Strom entgegen der Richtung des angenommenen Stromzählpfeiles.

4) An die Widerstandselemente werden die Zählpfeile
der Spannungsabfälle eingetragen. Dabei wird zweckmäßigerweise immer das Verbraucherzählpfeilsystem
gewählt, d.h. die Spannungspfeile werden in Richtung der Strompfeile eingezeichnet; ihre Größe folgt
aus dem Ohmschen Gesetz zu U = IR. Die Spannungsrichtung ist damit genauso willkürlich gewählt wie
die Stromrichtung, für die wahre Spannungsrichtung
gilt das gleiche wie für die Stromrichtung.

Bei einiger Übung in der Berechnung von Netzwerken
kann man sich das Einzeichnen der Zählpfeile für
die Spannungsabfälle sparen und die Maschengleichungen mit Hilfe der Ströme und dem Ohmschen Gesetz direkt anschreiben.

5) Es werden alle unabhängigen Knotenpunktgleichungen
aufgestellt:

$$\sum_\nu I_\nu = 0$$

Stromzählpfeil zum Knoten hin —•·positiv
Stromzählpfeil vom Knoten weg ·—• negativ.

Sind in einem Netzwerk n Knoten vorhanden, so lassen sich
(n-1) Knotenpunktgleichungen aufstellen, die unabhängig
voneinander sind. Die n-te Knotenpunktgleichung wäre
nicht mehr unabhängig, da durch sie nur noch Ströme verknüpft werden, die alle bereits in den (n-1) Knoten-
gleichungen vorkommen.

6) Es werden die voneinander unabhängigen Maschengleichungen aufgestellt.

$$\sum_\nu U_\nu = 0 \quad bzw.$$

$$\sum_\nu U_\nu = \sum_\mu U_{i\mu}$$

Bei beliebig gewähltem Zählumlauf
werden die Spannungspfeile, die
in Zählrichtung weisen, positiv,
die gegen die Zählrichtung weisen,
negativ in die Maschengleichung
eingesetzt.

Die unabhängigen Maschengleichungen findet man am
einfachsten, indem man jeweils die Masche, deren
Gleichungen man aufgestellt hat, an einer beliebigen
Stelle auftrennt. Zum Aufstellen der nächsten Maschengleichung sucht man dann einen weiteren, noch geschlossenen Umlauf, d.h. solch einen, in dem keine ein-
gezeichnete Unterbrechungsstelle liegt. Hat das Netz
n Knoten und m Zweige, so lassen sich m-(n-1) Maschengleichungen aufstellen, die unabhängig voneinander
sind (siehe Beispiel Punkt 8).

7) Entsprechend 5) und 6) erhält man für ein Netz mit
m Zweigen und n Knoten

$$(n-1) \quad \text{Knotengleichungen,}$$
$$m-(n-1) \quad \text{Maschengleichungen, d.h.}$$
$$m-(n-1) \ +(n-1) = m \text{ Gleichungen,}$$

in denen

die gegebenen Spannungen U bzw. U_i und
die Spannungsabfälle RI

enthalten sind. Zur Berechnung der Ströme müssen die
Widerstände R bekannt sein, so daß entsprechend den
m Zweigen

m unbekannte Ströme

auftreten, die aus den m Gleichungen eindeutig bestimmt
werden können.

Die Ströme, die sich aus diesem Gleichungssystem positiv
ergeben, fließen tatsächlich in Richtung der zunächst
angenommenen Stromzählpfeile, die sich dagegen negativ
ergeben, fließen entgegen den angenommenen Stromzählpfeilen (siehe Punkt 3).

8) Nachdem die Ströme in den Zweigen bekannt sind, lassen
sich die Spannungsabfälle an den von diesen Strömen

durchflossenen Widerständen ohne Schwierigkeit mit
Hilfe des Ohmschen Gesetzes bestimmen.

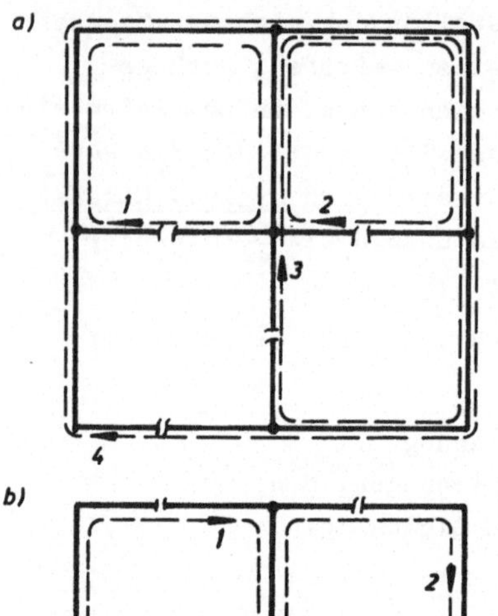

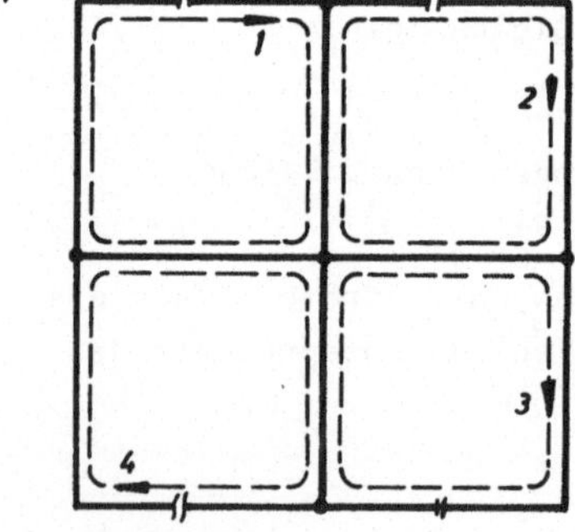

Bild 42: Netzwerk

Beispiel:
Für das Netzwerk in
Bild 42 mit m=8 Zweigen -
also 8 unbekannten Strö-
men - und n=5 Knoten
können 4 unabhängige
Knotenpunktgleichungen
aufgestellt werden. Zur
eindeutigen Bestimmung
der 8 unbekannten Ströme
benötigt man aber 8 un-
abhängige Gleichungen,
die man auch erhält, da
sich für dieses Netzwerk
außer den 4 Knotenpunkt-
gleichungen noch
$[8-(5-1)] = 4$ unabhängige
Maschengleichungen auf-
stellen lassen.

Diese 4 Maschengleichungen
sind mit Sicherheit unab-
hängig, wenn man wie unter
Punkt 6 beschrieben ver-
fährt. In Bild 42a wurden
die 4 Umläufe z.B. bewußt unsymmetrisch und verschieden-
artig gewählt, in Bild 42 b dagegen symmetrisch und
gleichartig, um verschiedene Möglichkeiten für das Aufstellen von Maschengleichungen zu demonstrieren.

*Es können bei der Aufstellung der unabhängigen
Maschengleichungen m-(n-1) beliebige Umläufe
gewählt werden, es wird lediglich gefordert,*

*daß jeder Umlauf geschlossen ist, also auch
keine aus einem vorherigen Umlauf resultierende, "gedachte" Unterbrechung enthält.*

Die Wahl der Umläufe sollte nicht unbedingt nach topologischen
Gesichtspunkten erfolgen - z.B. so, daß sich symmetrische bzw.
gleichartige Umläufe wie in Bild 42 b ergeben -, sondern
nach rechentechnischen Gesichtspunkten, so daß geringer Rechen-
aufwand erforderlich ist.

Man erkennt aus den vorstehenden Erläuterungen, daß man jedes
noch so komplizierte Netzwerk ohne theoretische Schwierigkeiten
als reine Fleißaufgabe schematisch lösen kann. Der Zeitaufwand
und die Fehlermöglichkeiten liegen bei der Lösung dieses Problems allein in der Aufstellung und Durchrechnung des linearen
Gleichungssystems. Hier lassen sich in sehr vielen Fällen wesentliche Erleichterungen schaffen, wenn es gelingt, das Ersatzschaltbild des Netzwerkes zu vereinfachen, d.h. die Zahl
seiner Knoten und Maschen durch einfache Rechen- und Umwand-
lungsvorgänge zu reduzieren.

3.4.2. Methoden zur Vereinfachung des Ersatzschaltbildes von Netzwerken

Netzwerkbereiche, deren Zweige keine Spannungsquellen, sondern
nur passive Widerstände enthalten, lassen sich häufig mit Hilfe
unabhängiger Rechengänge vereinfachen, so daß ein Ersatzschaltbild mit weniger Knoten und weniger Maschen entsteht. Das führt
zu einem Gleichungssystem mit entsprechend weniger Unbekannten.
Dadurch wird im allgemeinen die Berechnung eines Netzwerkes er-
heblich übersichtlicher und auch weniger aufwendig im Rechen-
verfahren. Die Regeln, nach denen solche Vereinfachungen vor-
genommen werden können, sollen im folgenden zusammengestellt
werden:

a) <u>Zweige mit hintereinander geschalteten Widerständen</u>

Die Reihenschaltung mehrerer Widerstände kann durch einen
einzigen resultierenden Widerstand ersetzt werden (siehe
3.1.1.). Die Aufteilung des errechneten Spannungsabfalles
am resultierenden Widerstand in die Spannungsabfälle an
den Einzelwiderständen der Reihenschaltung erfolgt in
einem unabhängigen Rechengang mit Hilfe der Spannungsteilerregel.

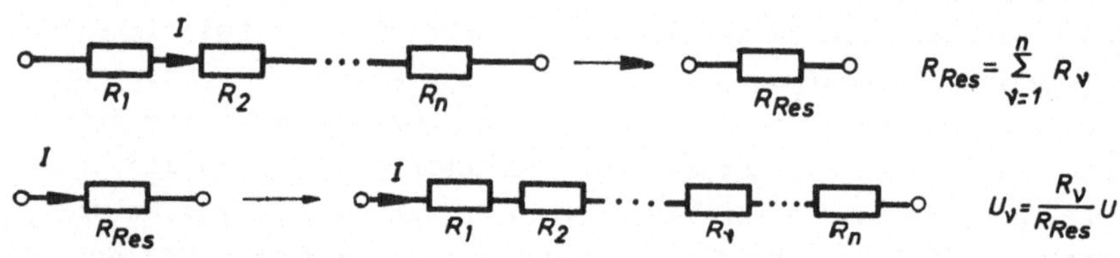

$$R_{Res} = \sum_{\nu=1}^{n} R_\nu$$

$$U_\nu = \frac{R_\nu}{R_{Res}} U$$

Bild 43: Umwandlung einer Reihenschaltung

b) <u>Parallele Zweige mit Widerständen</u>

Parallele Zweige mit Widerständen können zu einem resultierenden Widerstand zusammengefaßt werden (siehe 3.1.2.).
der dann in die Knotenpunkt- und Maschengleichungen eingeführt wird.

Die Aufteilung des für diesen Ersatzwiderstand ermittelten
Stromes in die einzelnen Zweigströme erfolgt in einem unabhängigen Rechengang mit Hilfe der Stromteilerregel.

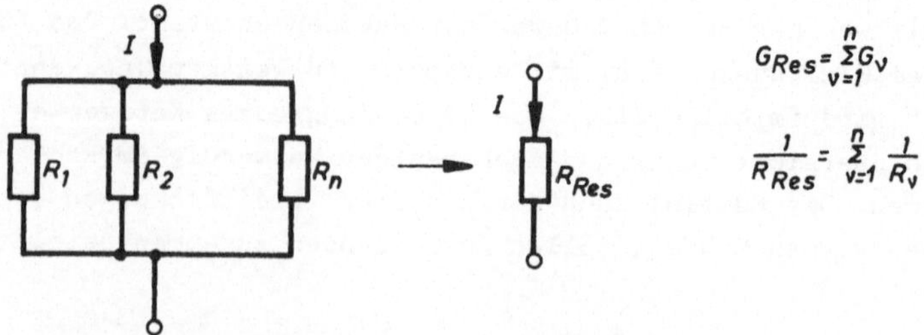

$$G_{Res} = \sum_{\nu=1}^{n} G_\nu$$

$$\frac{1}{R_{Res}} = \sum_{\nu=1}^{n} \frac{1}{R_\nu}$$

Bild 44: Umwandlung einer Parallelschaltung

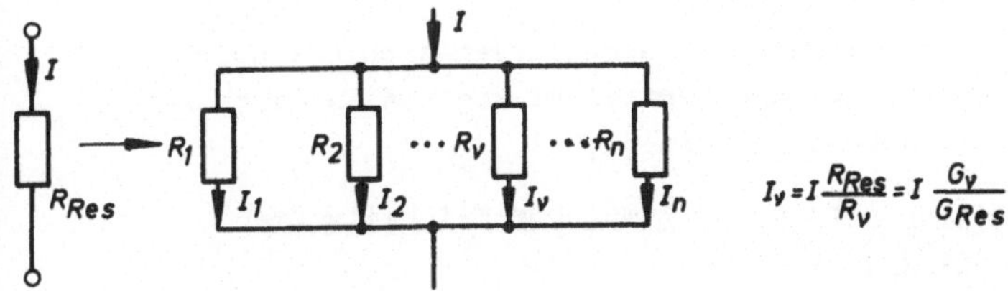

$$I_v = I\,\frac{R_{Res}}{R_v} = I\,\frac{G_v}{G_{Res}}$$

Bildunterschrift wie Vorseite

Bei Anwendung der unter a) und b) angegebenen Methoden zur Berechnung der unbekannten Zweigströme und der durch diese verursachten Spannungsabfälle an den einzelnen Widerständen ergibt sich ein Arbeitsablauf, der in der folgenden Skizze schematisch dargestellt ist:

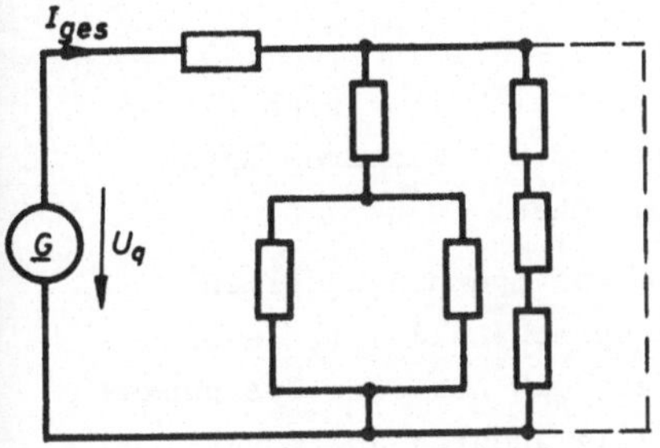

Schrittweises Zusammenfassen der hintereinander bzw. parallel geschalteten Widerstände.

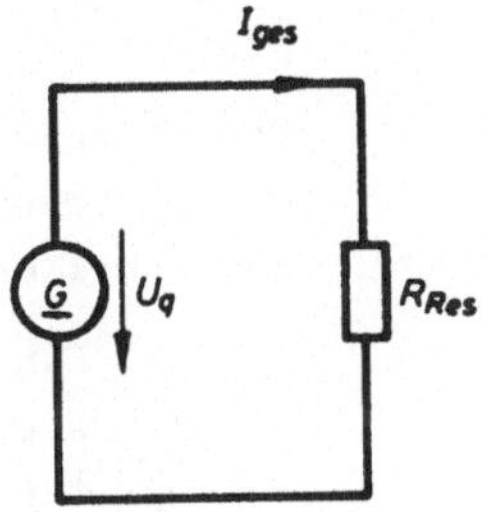

$$I_{ges.} = \frac{U_q}{R_{Res}}$$

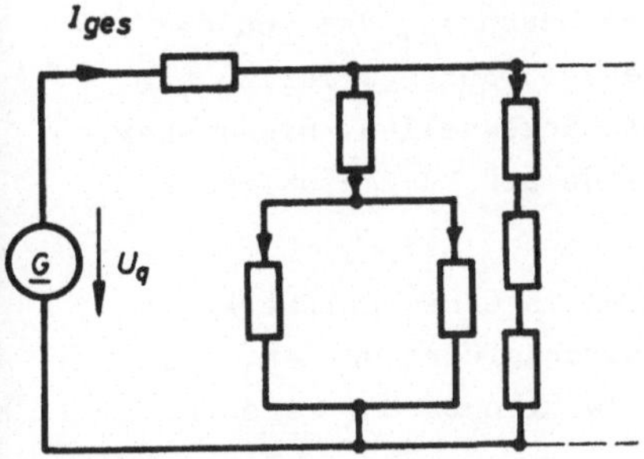

Schrittweises Auseinanderziehen der jeweiligen resultierenden Widerstände in die Einzelwiderstände bei Aufteilung der Ströme und Spannungen mit Hilfe der Strom- und Spannungsteilerregel.

Bild 45: Umwandlung eines Netzwerkes

c) <u>Netzwerkumwandlungen</u>

Wesentliche Vereinfachungen lassen sich oft durch
Netzwerkumwandlungen erzielen, wie sie in Abschnitt
3.5.5. beschrieben werden.

d) <u>Vereinfachte Berechnungsmethode mit Hilfe des
Überlagerungssatzes</u>

Wie bei allen Problemen der Physik, bei denen die Wirkung linear von der Ursache abhängt, gilt auch bei linearen Stromkreisen - d.h. solchen, bei denen der
Strom linear von der Spannung abhängig ist - das <u>Super-
positionsgesetz</u>. Dieses Superpositionsgesetz besagt
allgemein, daß zunächst jeweils die Wirkung <u>einer</u> Ursache unabhängig von allen übrigen Wirkungen berechnet
werden kann und daß sich dann die resultierende Wirkung aller Ursachen als Summe aller Einzelwirkungen ergibt.

Mit Hilfe dieser Erkenntnis läßt sich in vielen Fällen
die Berechnung linearer Netzwerke mit mehreren Spannungsquellen wie folgt vereinfachen:

d1) Ein Netzwerk mit mehreren Spannungsquellen
wird nacheinander entsprechend 3.4.1. jeweils
für den Fall berechnet, daß nur eine Spannungsquelle wirksam ist. Alle anderen Spannungsquellen werden als kurzgeschlossen betrachtet.
Dabei ist unbedingt zu beachten, daß von den
idealisiert angenommenen Spannungsquellen nur
die tatsächlichen Spannungsquellen, nicht aber
deren innere Widerstände als kurzgeschlossen
betrachtet werden.

Sind n Spannungsquellen in einem Netzwerk, so
müssen n Rechnungen durchgeführt werden, aus
denen sich für jeden Zweig n Ströme ergeben.

d2) Der Strom in dem jeweiligen Zweig ist dann
gleich der Summe aller n Teilströme dieses
Zweiges. Das Vorzeichen der Teilströme und
die Richtung ihrer Zählpfeile sind dabei
natürlich zu beachten.

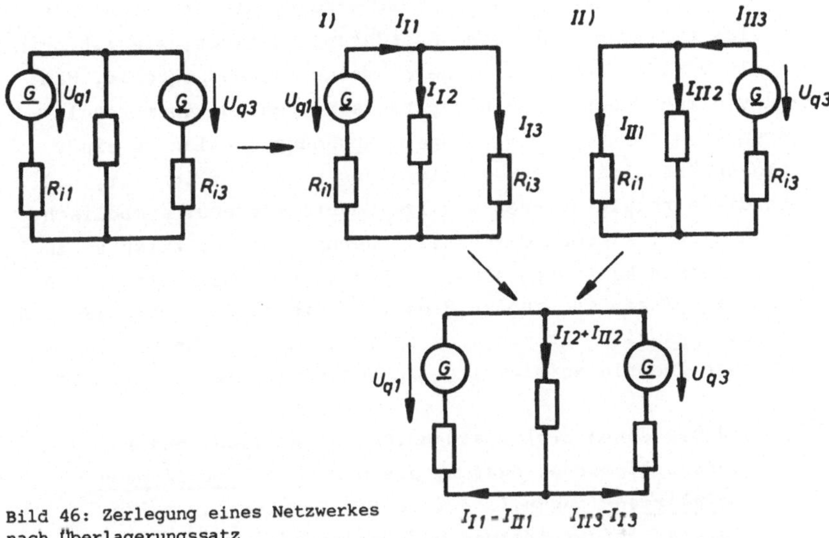

Bild 46: Zerlegung eines Netzwerkes
nach Überlagerungssatz

Der große Vorteil bei der Anwendung des Überlagerungssatzes
liegt darin, daß bis auf einen Zweig alle übrigen Zweige
des Netzwerkes keine Spannungsquellen mehr enthalten. Mit
Hilfe der unter d1) und d2) beschriebenen Regel kann das
Netzwerk daher in getrennten Rechnungsgängen wesentlich
vereinfacht werden, so daß sich unter Umständen die Aufstellung eines Gleichungssystems mit mehreren Unbekannten
erübrigt.

Erwähnt sei, daß man im Rahmen der sogenannten Netzwerkanalyse
formale Verfahren entwickelt hat, nach denen umfangreiche und
komplizierte Netzwerke sehr rationell, vor allem bei Einsatz
digitaler Rechenautomaten, berechnet werden können.

3.5. Der elektrische Zweipol

Die einzelnen Schaltelemente in Netzwerken stehen über zwei
Klemmen mit der übrigen Schaltung in Verbindung. Nun braucht
ein Netzwerk bzw. Stromkreis nicht unbedingt in einzelne idealisierte Schaltelemente zerlegt zu werden, hinter denen sich
nur eine einfache praktische Ausführung verbirgt, wie z.B. ein
einzelner Widerstand oder eine einzelne Spannungsquelle. Man
kann vielmehr auch ganze Widerstandsgruppen zu einem resultierenden Widerstand bzw. mehrere Spannungsquellen zu einer
einzelnen resultierenden zusammenfassen. Wesentlich ist, daß
auch diese resultierenden Schaltelemente wiederum symbolisch
zwischen zwei Klemmen dargestellt werden können. Zwischen zwei
Schaltklemmen kann sich also ein Netzwerk kompliziertester Art
verbergen. Wegen der großen Bedeutung dieser Betrachtungs- und
Darstellungsweise hat man eine speziell auf solche Gebilde ab-
gestimmte Theorie entwickelt, die sogenannte Zweipoltheorie.

*Unter einem elektrischen Zweipol versteht man ein
abgeschlossenes System, das nur über zwei Klemmen
elektrisch zugänglich ist. Die Spannung zwischen
diesen beiden Klemmen und der hinein- bzw. heraus-
fließende Strom müssen in einem eindeutigen Zusammenhang stehen. Dieses abgeschlossene System
darf daher nicht noch magnetisch oder elektrosta-
tisch zugänglich sein, so daß in den Elementen
dieses Systems zusätzlich Spannungen induziert oder
influenziert werden könnten.*

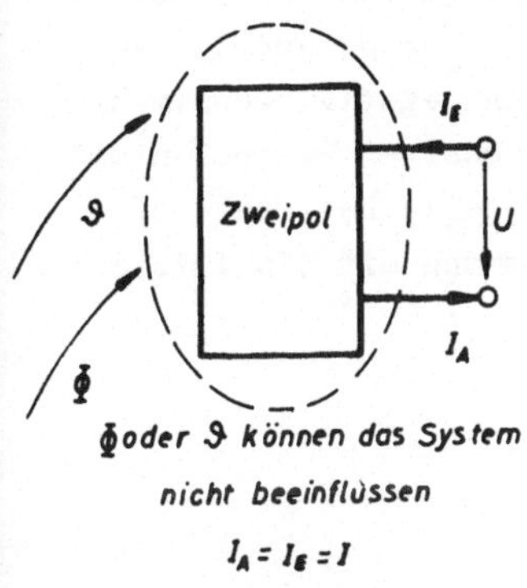

Bild 47: Zweipol

Je nach der Art der Schaltelemente, die sich hinter den Klemmen eines Zweipols verbergen - Widerstände oder Spannungsquellen -,unterscheidet man passive und aktive Zweipole, d.h. solche, die nur Energie aufnehmen und solche, die auch Energie abgeben können.

Abhängig davon, ob ein linearer oder nichtlinearer Zusammenhang zwischen Eingangsspannung und Eingangsstrom besteht, spricht man von linearen oder nichtlinearen Zweipolen. Im folgenden sollen nur lineare Zweipole betrachtet werden.

3.5.1. Der passive lineare Zweipol

Ein elektrischer Zweipol wirkt passiv, solange er Energie aufnimmt. Passive Zweipole sind also zum Beispiel alle ohmschen Widerstände oder Netzwerke, die sich nur aus ohmschen Widerständen zusammensetzen.

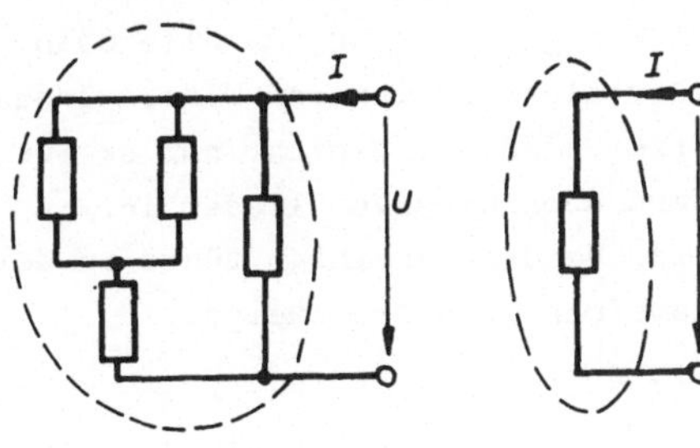

U/I muß für beide Schaltungen gleich sein.

Bild 48: Passiver Zweipol

Bei einem passiven Zweipol ergibt sich die Zweipolleistung
- das Produkt aus Eingangsstrom und Eingangsspannung - positiv,
wenn man Strom- und Spannungszählpfeile entsprechend dem Verbraucherzählpfeilsystem einträgt, dagegen negativ, wenn man
das Erzeugerzählpfeilsystem wählt. Ein passiver Zweipol nimmt
also beim Anschließen an eine Spannungsquelle Leistung auf und
wird demzufolge allgemein in Übereinstimmung mit DIN 1323 auch
als Verbraucher bezeichnet.

3.5.2. Der aktive lineare Zweipol

Im Gegensatz zum passiven Zweipol kann der aktive Zweipol elektrische Energie abgeben. Während bei einem passiven Zweipol nur
dann eine Spannung an den Eingangsklemmen auftritt, wenn ein
Strom in diesen Zweipol hineinfließt, tritt beim aktiven Zweipol bereits eine Spannung an den Klemmen auf, auch wenn der
Strom Null ist. Diese im Leerlauf zu messende Spannung muß innerhalb des Zweipols erzeugt werden, d.h. der Zweipol muß eine
elektrische Spannungsquelle enthalten. Ein Zweipol, der nur aus
einer idealen, d.h. ohne inneren Widerstand angenommenen, Span-
nungsquelle besteht, ist lediglich durch die Spannung, und zwar durch die Quellenspannung U_q oder die EMK U_i charakterisiert. Dieser ideale aktive Zweipol hat nun aber praktisch wenig Bedeutung, da alle Spannungsquellen mit inneren Widerständen behaftet sind, d.h. nicht nur aktive, sondern auch passive Glieder enthalten. Beides vereinigt führt zu dem allgemeinen linearen Zweipol.

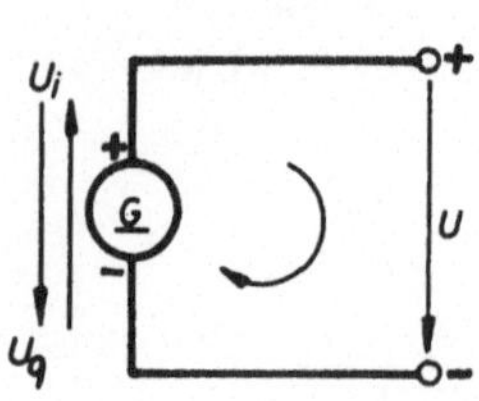

Bild 49: Aktiver Zweipol

3.5.3. Der allgemeine lineare Zweipol

An einem Zweipol, der elektrische Energie abgeben kann, aber
mit Widerständen, d.h. passiven Schaltelementen, behaftet ist,
tritt auch dann eine Klemmenspannung auf, wenn der Strom Null
ist. Diese Klemmenspannung ändert sich jedoch, sobald ein Klemmenstrom fließt.

Der Zusammenhang zwischen Eingangsspannung und Eingangsstrom
muß also durch die allgemeinere Beziehung

$$U = C_1 + C_2 I \qquad (51)$$

beschrieben werden. Formt man diese Gleichung um, so daß I und U
vertauscht erscheinen, erhält man den Ausdruck

$$I = \frac{U}{C_2} - \frac{C_1}{C_2} = C_3 + C_4 U. \qquad (52)$$

Mathematisch sind die beiden Ausdrücke gleichwertig, jedoch können sie physikalisch unterschiedlich interpretiert werden. Dementsprechend unterscheidet man Ersatzspannungsquellen und Ersatz-
stromquellen.

3.5.3.1. Ersatzspannungsquelle

*Als Ersatzspannungsquelle bezeichnet man einen Zwei-
pol, der aus einer Reihenschaltung von idealisierter
Spannungsquelle mit der Quellenspannung U_q oder der
induzierten Spannung U_i und dem inneren Widerstand R_i besteht.*

Weiß man genau, daß ein Zweipol Energie abgibt, so trägt man die
Strom- und Spannungspfeile bevorzugt im Erzeugerzählpfeilsystem
an. Damit ergibt sich aus dem Kirchhoffschen Spannungssatz die

Beziehung zwischen Klemmenspannung und Klemmenstrom des Zweipols
zu

$$U = U_q - IR_i \qquad (51a)$$

oder mit U_i

$$U = U_i - IR_i \ . \qquad (51b)$$

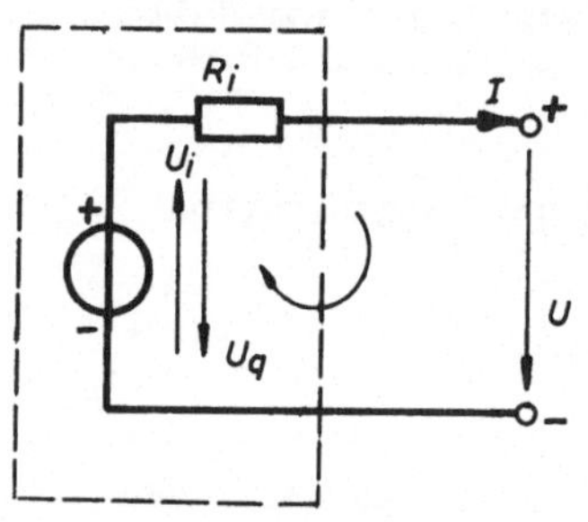

Bild 50: Ersatzspannungsquelle

Die letzte Gleichung besagt
nicht, daß man den Spannungspfeil der Klemmenspannung U
als U_i-Pfeil (z.B. $U_i' = U_i - IR_i$)
auffassen darf. Definitions-
gemäß (siehe 3.3.2.1.) haben die
U_q- und U_i-Pfeile entgegenge-
setzte Richtungen, wenn $U_q = U_i$ gesetzt wird. Überträgt man diese
Festlegung auf die Klemmenspannung U des vorliegenden Beispiels,
so wäre infolge

$$\left.\begin{array}{l} U \ = U_i - IR_i \\[6pt] U_i' \ = U_i - IR_i \end{array}\right\} \qquad U = U_i'$$

die Pfeilrichtung umzudrehen, wenn man U nicht als Spannung,
sondern als EMK U_i' auffaßt und dementsprechend in den Kirchhoffschen Maschensatz einführt.

Die Gleichungen besagen vielmehr, daß man nach Aufstellen der
Maschengleichungen, in denen die Klemmenspannung U mit einem Vorzeichen, das der Pfeilrichtung entspricht, als Spannung aufgenommen wurde, diese Klemmenspannung U durch die obige Beziehung
$U = U_i - IR_i$ ersetzen kann, ohne daß dann die Maschengleichung
falsch wird.

Beispiel:

Der aktive Zweipol mit der Klemmenspannung U liege in einer
Netzmasche, in der außerdem noch die weiteren Spannungen ΣU_ν
auftreten. Stellt man die Maschengleichung für die gezeichnete
Umlaufrichtung auf, so bestehen folgende Möglichkeiten (s.Bild 51)

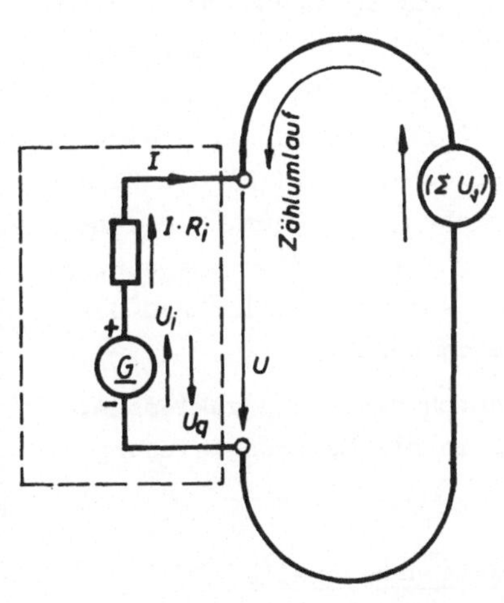

Bild 51: Zweipol

a) Wählt man den Umlauf durch
das Innere der Spannungs-
quelle, so folgt aus

$$\Sigma U - \Sigma U_i = 0$$

unter Beachtung, daß die
EMK U_i negativ aufzu-
nehmen ist, wenn ihr Zählpfeil entgegen der Ma-
schenzählrichtung liegt,

$$\Sigma U_\nu - IR_i + U_i = 0 \ .$$

b) Wählt man den Umlauf über
die Eingangsklemmen, dann
geht die Spannung mit +U

in den Spannungssatz der Form $\Sigma U = 0$ ein:

$$+U + \Sigma U_\nu = 0 \ .$$

Ersetzt man nun in dieser Gleichung U durch die vorste-
hende Beziehung $U = U_i - IR_i$:

$$+U_i - IR_i + \Sigma U_\nu = 0 \ ,$$

so ist das gleichbedeutend damit, daß man die EMK U_i bei
Gegenrichtung zur Umlaufzählung positiv eingeführt hat.
Dies ist nach dem Spannungssatz für eine Masche richtig,

die durch das Innere des Zweipols verläuft (Fall a).

Aus den Betrachtungen folgt, daß ein aktiver Zweipol, der in ein Netzwerk eingebaut ist, auf zwei Arten in die Maschengleichung einbezogen werden kann:

1) Man wählt den Maschenumlauf durch das Innere des Zweipols, dann werden der Zählpfeil des Spannungsabfalles am inneren Widerstand und der EMK-Zählpfeil U_i - oder auch der Spannungspfeil der Quellenspannung U_q - unmittelbar in die Maschengleichung eingeführt. Dieses ist gleichbedeutend damit, daß man entsprechend Fall b) die Klemmenspannung in die Maschengleichung einführt, die dann aber gemäß der obigen Beziehung für die Klemmenspannung durch die Größen des inneren Spannungsabfalles und der Quellenspannung bzw. EMK ersetzt werden.

2) Man wählt den Maschenumlauf durch die Eingangsklemmen, dann wird die Klemmenspannung in die Maschengleichung eingesetzt.

<u>Bestimmung der Kenngrößen der Ersatzspannungsquelle</u>

Die Kenngrößen einer Ersatzspannungsquelle sind die Quellenspannung U_q oder die EMK U_i und der innere Widerstand R_i. Die Quellenspannung U_q ist die Spannung, die bei dem Strom $I = 0$ an den Klemmen auftritt und dort gemessen werden kann und die demzufolge als

$$\underline{\text{Leerlaufspannung}}\ U_L = U_q$$

bezeichnet wird.

Der <u>Innenwiderstand</u> R_i kann bestimmt werden aus der Leerlaufspannung und dem

$$\underline{\text{Kurzschlußstrom}}\ I_K = \frac{U_q}{R_i}\ ,$$

der bei kurzgeschlossenen Klemmen, also bei einem äußeren Widerstand, der gleich Null ist, fließt.

Experimentell könnten also die beiden Kenngrößen der Ersatzspannungsquelle durch den

Leerlaufversuch $\qquad U_L = U_q$

und den

Kurzschlußversuch $\qquad I_K = \dfrac{U_q}{R_i}$

$$R_i = \dfrac{U_L}{I_K}$$

bestimmt werden. Ein Klemmenkurzschluß bei Spannungsquellen größerer Leistung ist nicht realisierbar und führt auch bei Spannungsquellen kleinerer Leistung unter Umständen zu Schäden. Daher werden in der Praxis die Kenndaten einer Ersatzspannungsquelle aus zwei Messungen von Strom und Spannung ermittelt, bei denen zwei verschiedene äußere Widerstände an die Spannungsquelle angeschlossen sind, so daß der Nennstrom der Spannungsquelle nicht überschritten wird.

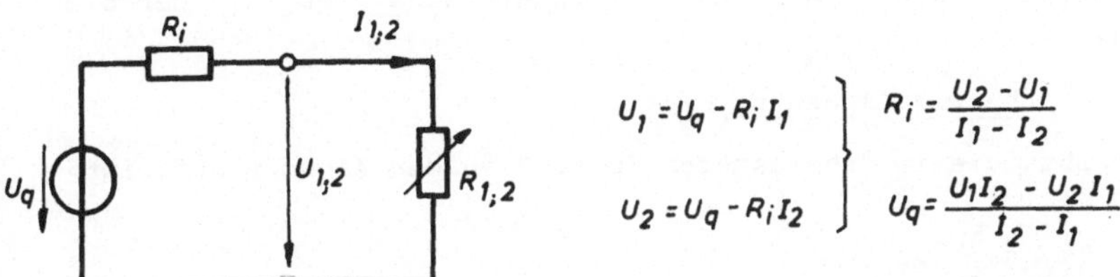

$$U_1 = U_q - R_i I_1$$
$$U_2 = U_q - R_i I_2$$

$$R_i = \dfrac{U_2 - U_1}{I_1 - I_2}$$
$$U_q = \dfrac{U_1 I_2 - U_2 I_1}{I_2 - I_1}$$

Bild 52: Belastete Ersatzspannungsquelle

3.5.3.2. Ersatzstromquelle

Als Ersatzstromquelle bezeichnet man einen Zweipol, der aus einer Parallelschaltung von idealisierter Stromquelle, die unabhängig von der Belastung immer den konstanten Quellenstrom I_q abgibt – Konstantstromquelle –, und dem inneren Widerstand R_i besteht.

Trägt man die Strom- und Spannungszählpfeile im Erzeugerzählpfeilsystem ein, so folgt mit Hilfe des Knotenpunktsatzes der

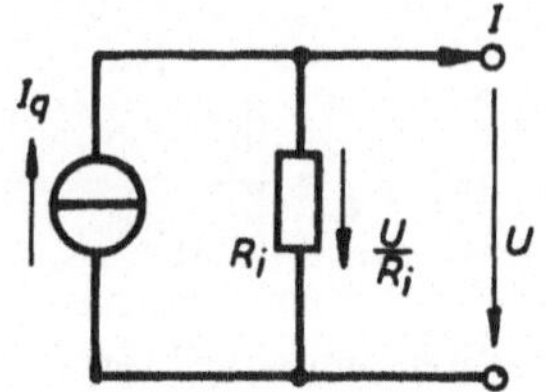

Bild 53: Ersatzstromquelle

Zusammenhang zwischen Klemmenstrom und Klemmenspannung zu

$$I = I_q - \frac{U}{R_i} \ . \qquad (52a)$$

Bestimmung der Kenngrößen der Ersatzstromquelle

Die Kenngrößen einer Ersatzstromquelle sind der __Quellenstrom__ I_q, der beim Kurzschließen der äußeren Klemmen als der

$$\underline{\text{Kurzschlußstrom}} \quad I_K = I_q$$

ermittelt werden kann, und der __innere Widerstand__ R_i, der sich aus der

$$\underline{\text{Leerlaufspannung}} \ U_L = I_q R_i$$

ergibt, die im unbelasteten Zustand an den Klemmen auftritt:

$$R_i = \frac{U_L}{I_K} \ .$$

Aus den gleichen Gründen wie bei der Ersatzspannungsquelle werden auch die Kenndaten I_q und R_i bei der Ersatzstromquelle aus den bei zwei Belastungsversuchen mit verschiedenen äußeren Widerständen gemessenen Strom- und Spannungswerten U_1, I_1 und U_2, I_2 ermittelt:

$$\left.\begin{array}{l} I_1 = I_q - \dfrac{U_1}{R_i} \\[2ex] I_2 = I_q - \dfrac{U_2}{R_i} \end{array}\right\} \qquad \begin{array}{l} R_i = \dfrac{U_2 - U_1}{I_1 - I_2} \\[2ex] I_q = \dfrac{I_1 U_2 - I_2 U_1}{U_2 - U_1} \ . \end{array}$$

Man erkennt, daß bei Ersatzstrom- und Ersatzspannungsquellen R_i nach der gleichen Beziehung bestimmt wird.

Formt man obige Gleichung für den Klemmenstrom

$$I = I_q - \frac{U}{R_i} \quad \text{in} \quad U = I_q R_i - I R_i \quad \text{um}$$

und vergleicht sie mit der Gleichung (51a), so folgt für den Zusammenhang der Quellenspannung einer Ersatzspannungsquelle und dem Quellenstrom einer Ersatzstromquelle

$$U_q = I_q R_i \ .$$

Die die aktiven Eigenschaften beschreibenden Größen U_q bzw. I_q der beiden Ersatzschaltungen sind also über den für beide Schaltungen gleichen Innenwiderstand R_i verknüpft.

3.5.3.3. Der Unterschied zwischen Ersatzspannungs- und Ersatzstromquelle

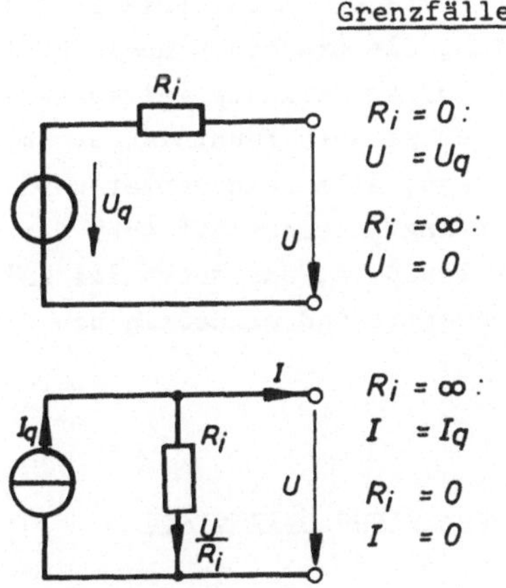

Bild 54: Ersatzspannungs- und Ersatzstromquelle

Ersatzspannungs- oder Ersatzstromquelle beschreiben hinsichtlich des Zusammenhangs zwischen Klemmenstrom und Klemmenspannung völlig gleichwertig einen aktiven linearen Zweipol, solange R_i endlich ist, d.h. es kann die eine immer in die andere umgerechnet werden mit Ausnahme der idealen Spannungsquelle ($R_i = 0$) und der idealen Stromquelle ($R_i = \infty$).

Bei allen technischen Energieumwandlungen treten Verluste auf.
In elektrischen Spannungserzeugern, in denen also bestimmte
Energieformen in elektrische umgewandelt werden, können diese
Verluste strom- und/oder spannungsabhängig sein. Die Abhängigkeit der inneren Verluste wird nun aber nicht mehr gleichwertig
von der Ersatzstrom- und Ersatzspannungsquelle beschrieben.
Nach der Ersatzstromquelle sind die Verluste dem Quadrat der
Klemmenspannung (U^2/R_i) und nach der Ersatzspannungsquelle dem
Quadrat des Klemmenstromes ($I^2 R_i$) proportional. Bei vielen
praktisch ausgeführten Span-
nungsquellen treten strom- und
spannungsabhängige Verluste
auf. Diese werden durch ein Ersatzschaltbild dargestellt, das
aus einer Kombination von Er-
satzstrom- und Ersatzspannungsquelle besteht, wie es z.B. die
nebenstehende Skizze zeigt.
Die Frage, welche Ersatzschal-
tung die praktisch ausgeführte

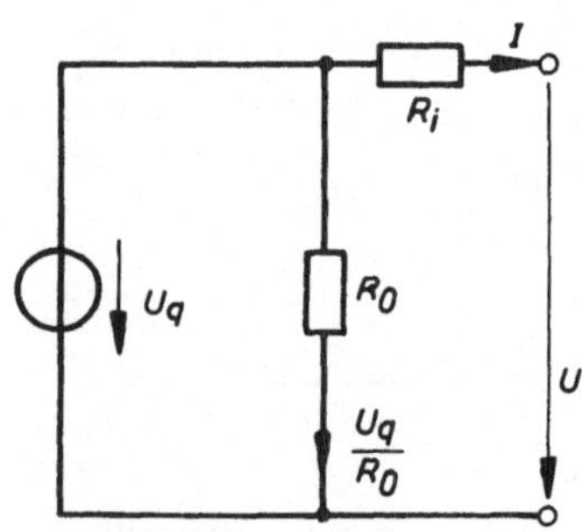

Bild 55: Ersatzquelle

Spannungsquelle hinsichtlich der inneren Verluste weitestgehend
richtig beschreibt, kann nur aus der genauen Kenntnis der physikalischen Wirkungsweise der Spannungsquelle beantwortet werden.
Im Rahmen der vorliegenden Betrachtung interessiert mehr das
Strom- und Spannungsverhalten der Zweipole, das durch die beiden
einfachen Ersatzschaltungen gleichwertig und eindeutig beschrieben wird.

3.5.4. Der allgemeine Ersatzzweipol eines Netzwerkes

Passive Netzwerke können, wie in Abschnitt 3.4. dargelegt, zu
einem resultierenden Ersatzwiderstand zusammengefaßt werden, der
dieses Netzwerk als Zweipol beschreibt. Genauso kann ein aktives

Netzwerk, das aus mehreren Spannungsquellen und mehreren Widerständen besteht, zu einem resultierenden aktiven Zweipol, der
nur aus einer einzigen Spannungs- oder Stromquelle und einem
einzigen inneren Widerstand besteht, zusammengefaßt werden. Damit wird einfach und übersichtlich das Verhalten des aktiven
Netzwerkes beschrieben.

Hinsichtlich der Zielsetzung können zwei Fälle unterschieden
werden:

1)

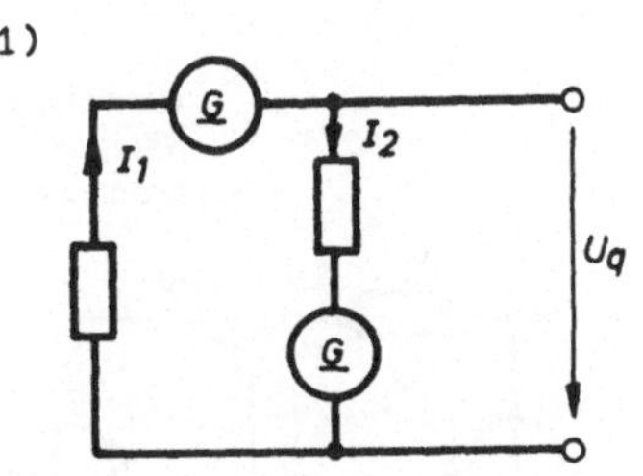

Die Eigenschaften eines Netzwerkes, das an zwei offenen
Klemmen angeschlossen ist,
sollen durch die Kenngrößen
(U_q und R_i bzw. I_q und R_i)
seines Ersatzzweipols be-
schrieben werden.

Bild 56: Zweipol

2) Der an einer bestimmten Stelle eines Netzwerkes fließende
   Strom I oder die zwischen zwei Punkten des Netzwerkes
   liegende Spannung U soll berechnet werden. Man betrachtet
   das Netzwerk als Zusammenschaltung zweier Zweipole, die
   an der Stelle miteinander verbunden sind, an der die gesuchte Größe auftritt. Denkt man sich nun das Netzwerk an
   dieser Stelle aufgetrennt, so lassen sich für jedes Teilnetzwerk die Kenngrößen des zugehörigen Ersatzzweipols
   bestimmen. Aus diesen kann die gesuchte Größe leicht berechnet werden, wenn man die Ersatzzweipole an ihren Klemmen wieder zusammenschaltet.

   Beispiel (siehe Bild 57):
   Zur Berechnung der eingezeichneten Größen I bzw. U des
   Netzwerkes nimmt man die beiden Klemmen 1 und 2 an und
   zerlegt das Netzwerk gedanklich an dieser Stelle in die
   beiden zwischen den fiktiven Klemmen 1' und 2' bzw. 1"
   und 2" liegenden Teilnetzwerke. Das Netzwerk wird also

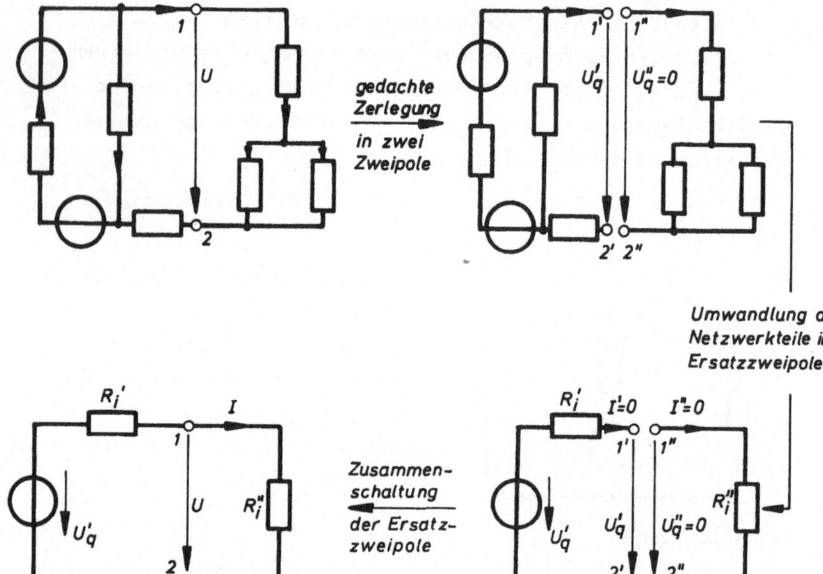

Bild 57: Umwandlung eines Netzwerkes in Zweipole

aufgefaßt als aktiver Ersatzzweipol (Klemmen 1' und 2'),
der durch einen passiven Ersatzzweipol (Klemmen 1" und
2") belastet ist. Für die beiden Ersatzzweipole werden
nun die Kenngrößen bestimmt, mit denen die weitere Berechnung durchgeführt wird, wie es in der Skizze ange-
deutet ist.

Die Kenngrößen des Ersatzzweipols werden ermittelt, indem man das
an die zwei Klemmen angeschlossene Netzwerk in üblicher Weise mit
Hilfe der Knotenpunktgleichungen und Maschengleichungen durch-
rechnet, und zwar:

1) Die <u>Quellenspannung</u> U_q des Ersatzzweipols ist gleich der
   zwischen den beiden offenen Klemmen des Netzwerkes liegenden Spannung, könnte also als Leerlaufspannung gemes-

sen oder nach den üblichen Verfahren (siehe 3.4.) berechnet werden.

2) Zur Bestimmung des <u>inneren Widerstandes</u> R_i werden die beiden Eingangsklemmen als kurzgeschlossen angenommen. Der dann in diesem Zweig fließende Kurzschlußstrom I_K wird wie in 3.4. angegeben berechnet.

Aus der so ermittelten Leerlaufspannung U_L und dem Kurzschlußstrom I_K läßt sich mit Hilfe des Ohmschen Gesetzes der innere Widerstand berechnen ($R_i = U_L/I_K$).

In den meisten Fällen läßt sich das hier beschriebene formale Verfahren zur Berechnung des inneren Widerstandes wesentlich vereinfachen, wie folgende Betrachtung zeigt:

Stellt man sich alle idealisierten Spannungsquellen in dem Netzwerk kurzgeschlossen vor, so läßt sich der resultierende innere Widerstand direkt an den Klemmen messen. Auch rechnerisch läßt sich für diesen Fall der resultierende Widerstand des Netzwerkes, der gleich ist dem inneren Widerstand des Ersatzzweipols, entsprechend Abschnitt 3.4. leicht berechnen, wie dieses z.B. in nebenstehender Skizze dargestellt ist. Auf

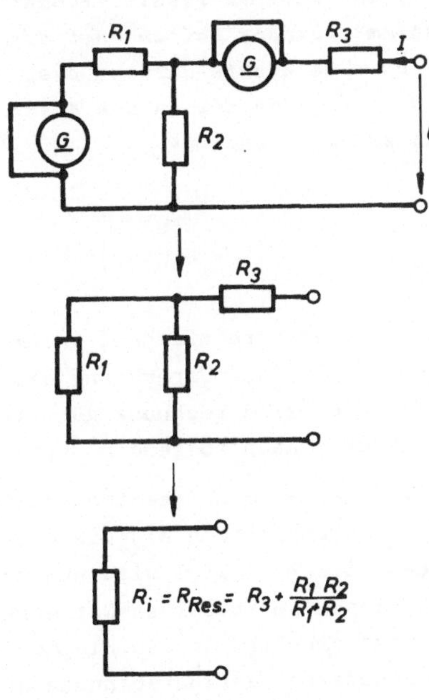

Bild 58: Bestimmung von R_i

praktische Gegebenheiten bezogen, kann man sich diesen Zu-

stand vorstellen, indem man z.B. rotierende elektrische
Generatoren als stillstehend annimmt. In diesem Fall wird
zwar keine Spannung erzeugt, der innere Widerstand (der
Wicklungswiderstand) tritt aber voll wirksam in Erscheinung.

Zusammenfassend läßt sich der allgemeine Zweipol wie folgt beschreiben:

*Die durch den allgemeinen Zweipol gegebene Ersatz-
schaltung beschreibt lediglich den linearen Zusammenhang zwischen Klemmenspannung und Klemmenstrom. Sie
gibt keinen Hinweis darauf, wie das tatsächlich gegebene Netzwerk aussieht, aus dem die resultierenden
Größen des Zweipols bestimmt wurden. Weiter sagt das
Ersatzschaltbild natürlich auch nichts darüber aus,
nach welchem physikalischen Prinzip die an den Klemmen auftretende Spannung erzeugt wird.*

3.5.5. Umwandlung eines Netzwerkes

Netzwerkberechnungen lassen sich häufig vereinfachen, indem die
Konfiguration des Netzes verändert wird. Die Umrechnung der vor-
handenen Konfiguration in die für die Weiterrechnung günstigere
geschieht mit Hilfe der Zweipoltheorie nach folgender Überlegung:

Zwei beliebige Punkte eines Netzwerkes - im allgemeinen Knotenpunkte mit mehr als zwei Abgängen - können auch als die Klemmen
eines Zweipoles aufgefaßt werden. Dieser Zweipol wird nun unabhängig von dem Aufbau des durch diesen verkörperten Netzwerkes
eindeutig durch das Strom-Spannungsverhalten an den Klemmen oder,
anders formuliert, durch seine Kenndaten Leerlaufspannung und
innerer Widerstand beschrieben.

Betrachtet seien zwei Netzwerke aus passiven Zweigen, die beide

durch die gleichen n Knotenpunkte festgelegt sind, zwischen
diesen aber verschiedene Konfigurationen aufweisen. Hinsichtlich des Strom-Spannungsverhaltens an den n Knotenpunkten (Klemmen) sind nun beide Netzwerke trotz verschiedener Konfiguration
einander gleich, wenn die jeweiligen Widerstände zwischen allen
möglichen Zweierkombinationen der n Knotenpunkte - die als Zweipole aufgefaßt werden - bei beiden Konfigurationen überein -
stimmen. Es müssen also jeweils die Widerstände der gedachten
Zweipole beider Netze, die sich auf die zwei gleichen Knotenpunkte beziehen, gleichgesetzt werden. Die Umwandlung der gegebenen Konfiguration in eine andere ist natürlich nur dann möglich, wenn die Zahl der möglichen, untereinander verschiedenen
Zweierkombinationen unter den das Netzwerk bestimmenden Knoten
gleich ist der Zahl der in der neuen Konfiguration auftretenden
Unbekannten. Erwähnt sei, daß ein so umzuwandelndes Netzwerk
häufig nur ein kleinerer Bestandteil innerhalb eines größeren
Netzwerkes ist, d.h., daß von den das umzuwandelnde Teilnetzwerk
festlegenden Knoten noch ein oder mehrere Leitungen in das Ge-
samtnetzwerk abzweigen, was aber für die Umwandlung ohne Bedeutung ist.

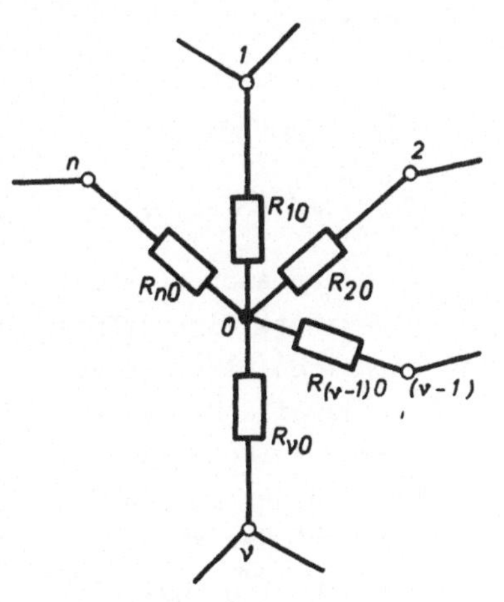

Bild 59: Sternschaltung

Soll z.B. ein aus n stern-
förmig angeordneten Zweigen
bestehender Teil eines Netzes in eine andere Konfiguration umgerechnet werden, so
lassen sich für diesen Stern
$n(n-1)/2$ mögliche, voneinander verschiedene Zweipole
mit den Widerständen:

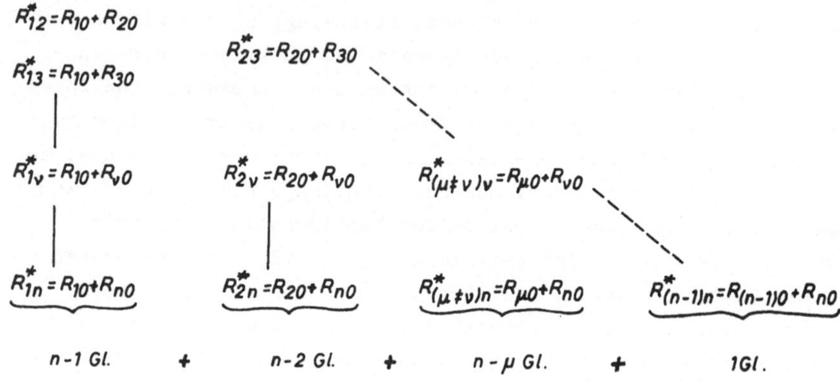

aufstellen. Die neue Konfiguration muß daher auch aus n(n-1)/2 Widerständen, also Zweigen, bestehen. Man erhält damit das sogenannte __vollständige n-Eck__. Nur ein solches vollständiges n-Eck enthält n(n-1)/2 Zweige, so daß sich für die n(n-1)/2 angenommenen Zweipole Widerstandsausdrücke ergeben

$$R_{12}^{o} = f\,(R_{12}\,;\,R_{23}\,;\,\cdots),$$

$$R_{(\mu \neq \nu)\nu}^{o} = f\,(R_{(\mu \neq \nu)\nu}\,;\,),$$

in denen auch n(n-1)/2 unbekannte Widerstände enthalten sind. Setzt man jeweils die Widerstände zwischen zwei Klemmen der beiden Konfigurationen gleich

$$R_{12}^{*} = R_{12}^{o}\,, \quad R_{13}^{*} = R_{13}^{o}\,, \quad \cdots\cdots\,,$$

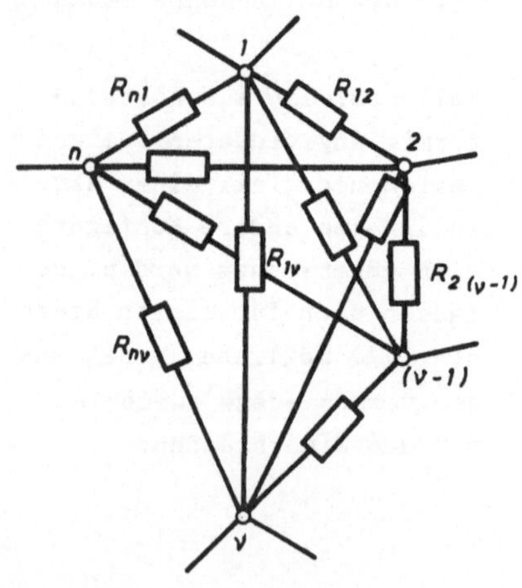

Bild 60: Vollständiges n-Eck

so bekommt man ein Gleichungssystem mit n(n-1)/2 Gleichungen,
aus denen die n(n-1)/2 unbekannten Zweigwiderstände des vollständigen n-Ecks eindeutig bestimmt werden können. Nach entsprechenden Umrechnungen ergeben sich die expliziten Gleichungen, nach denen sich aus den bekannten Widerständen $R_{\nu 0}$ des
gegebenen Sternes für das <u>vollständige n-Eck die einzelnen</u>
<u>Zweigleitwerte</u> berechnen lassen:

$$G_{\nu\mu} = \frac{G_{\nu 0}\ G_{\mu 0}}{\sum\limits_{\nu=1}^{n} G_{\nu 0}} \,. \tag{53}$$

*Bei der Umrechnung eines gegebenen Netzwerkes
sternförmiger Konfiguration in ein elektrisch
gleichwertiges der Konfiguration eines vollständigen n-Ecks ergibt sich der Leitwert $G_{\nu\mu}$
des Widerstandes $R_{\nu\mu}$ zwischen zwei beliebigen
Knoten ν und μ des vollständigen n-Ecks als
Produkt der Leitwerte $(G_{\nu 0}\ G_{\mu 0})$ der Widerstände zwischen dem Sternpunkt und den Knoten
ν bzw. μ , dividiert durch die Summe aller
Sternleitwerte.*

Wie man aus den vorstehenden Betrachtungen ersieht, läßt sich ein
n-strahliger Stern nicht durch ein einfaches n-Eck ersetzen, da
dieses nur n unbekannte Zweig-
widerstände enthält, d.h. die für
die vollständige Beschreibung des
Strom-Spannungsverhaltens an den
n Knoten notwendigen n(n-1)/2
Gleichungen stellen ein überbe-
stimmtes Gleichungssystem dar.
Physikalisch ausgedrückt kann das
Strom-Spannungsverhalten an den
n Klemmen umfassend und eindeutig
nur durch ein Netzwerk beschrieben werden, das die n Klemmen in

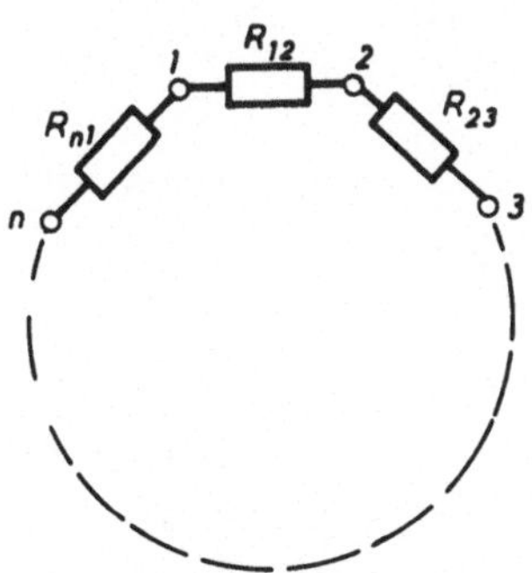

Bild 61: Ringschaltung

- 158 -

allen möglichen Kombinationen durch Widerstände untereinander
verbindet.

Ebenso ist auch die Umwandlung eines n-Ecks in einen n-strahligen
Stern im allgemeinen nicht möglich, da dieser ebenfalls nur n un-
bekannte Zweigströme enthält, vollständig aber durch n(n-1)/2
Gleichungen beschrieben werden muß.

Eine Ausnahme stellt die Stern-Dreieck-Umwandlung dar, die in
beiden Richtungen durchgeführt werden kann, da in den das Strom-
Spannungsverhalten beschreibenden n(n-1)/2 = 3 Gleichungen bei
der Dreieck- und auch der Stern-Konfiguration 3 unbekannte Zweigwiderstände enthalten sind.

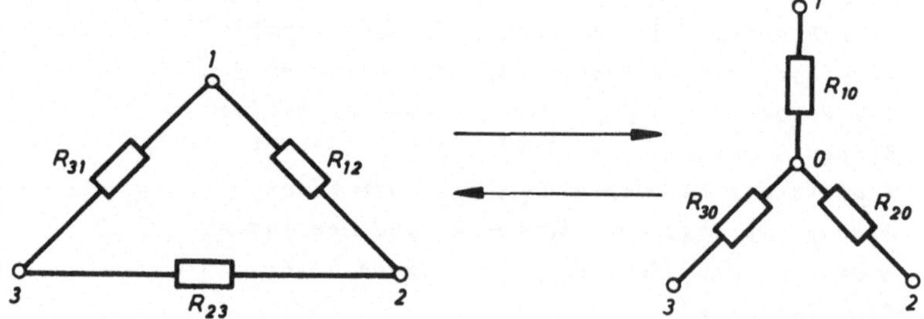

Bild 62: Dreieck-Stern-Umwandlung

$$R^o_{12} = \frac{R_{12}(R_{23}+R_{31})}{R_{12}+(R_{23}+R_{31})} = R^*_{12} = R_{10}+R_{20}$$

$$R^o_{23} = \frac{R_{23}(R_{31}+R_{12})}{R_{23}+(R_{31}+R_{12})} = R^*_{23} = R_{20}+R_{30}$$

$$R^o_{31} = \frac{R_{31}(R_{12}+R_{23})}{R_{31}+(R_{12}+R_{23})} = R^*_{31} = R_{30}+R_{10} \ .$$

Nach Auflösung des Gleichungssystems erhält man die gesuchten
Bestimmungsgleichungen:

Umwandlung der Dreieck- in die Sternschaltung:

$$R_{10} = \frac{R_{12}R_{31}}{R_{12}+R_{23}+R_{31}}$$

$$R_{20} = \frac{R_{23}R_{12}}{R_{12}+R_{23}+R_{31}} \tag{54}$$

$$R_{30} = \frac{R_{31}R_{23}}{R_{12}+R_{23}+R_{31}} \ .$$

Der Sternwiderstand zum Knoten ergibt sich als Produkt der beiden anliegenden Dreieckwiderstände dividiert durch die Summe der drei Dreieckwiderstände.

Umwandlung der Stern- in die Dreieckschaltung:

$$G_{12} = \frac{G_{20}G_{10}}{G_{10}+G_{20}+G_{30}}$$

$$G_{23} = \frac{G_{20}G_{30}}{G_{10}+G_{20}+G_{30}} \tag{55}$$

$$G_{31} = \frac{G_{30}G_{10}}{G_{10}+G_{20}+G_{30}} \ .$$

Der Leitwert des Dreieckzweiges zwischen den Klemmen ν und μ ergibt sich als Produkt der Sternleitwerte an ν und μ dividiert durch die Summe der Sternleitwerte.

Nur dieser letzte Satz kann verallgemeinert werden für die Umwandlung eines n-strahligen Sternes in das vollständige n-Eck, wie dieses bereits durch die Gleichung (53) für $G_{\nu\mu}$ mathematisch zum Ausdruck gebracht wurde.

3.5.6. Zusammenschaltung eines aktiven und passiven Zweipols

Schaltet man einen aktiven und einen passiven Zweipol an ihren
Klemmen zusammen, so entsteht der einfache Stromkreis. Er besteht aus einem Generator (aktiver Zweipol), in dem eine bestimmte Energieform in elektrische Energie umgewandelt wird, die
über die Leitungen und Klemmen dem sogenannten Verbraucher
(passiver Zweipol) zugeführt wird. In diesem wird die elektrische Energie wieder in eine andere Energieform umgewandelt,
z.B. in Wärme, wenn der passive Zweipol ein ohmscher Widerstand
ist.

3.5.6.1. Klemmenspannung und Klemmenstrom bei Belastung

Im folgenden sollen die Klemmenspannung und der Klemmenstrom
in Abhängigkeit von der Größe des Widerstandes des passiven
Zweipols näher untersucht werden.

Für die Ersatzspannungs-
quelle, die mit R_A be-
lastet ist, folgen aus
den Maschensätzen für

Umlauf I : $U - U_q + IR_i = 0$

und für

Umlauf II: $IR_A - U = 0$

der Klemmenstrom und die
Klemmenspannung:

$$I = \frac{U_q}{R_A + R_i} \quad ; \quad U = IR_A .$$

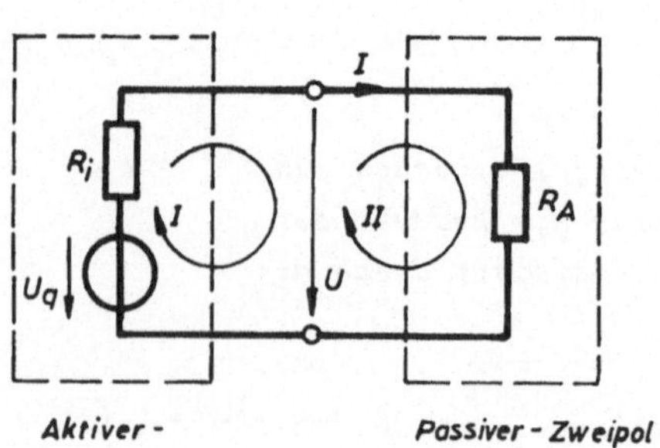

Bild 63: Belastete Spannungsquelle

Ausgezeichnete Belastungsfälle sind der

$\underline{\text{Kurzschluß}}$ bei $R_A = 0$; $I = I_K$ und $U = 0$ sowie der

$\underline{\text{Leerlauf}}$ bei $R_A = \infty$; $I = 0$ und $U = U_L$.

Auf den

$$\underline{\text{Kurzschlußstrom}}: I_K = \frac{U_q}{R_i}$$

bezogen ergibt sich der $\underline{\text{Klemmenstrom}}$:

$$\frac{I}{I_K} = \frac{R_i}{R_A + R_i} = \frac{1}{1 + (R_A/R_i)}$$

als Funktion des Verhältnisses Belastungswiderstand zu innerem Widerstand ($I/I_K = f(R_A/R_i)$), also in einer Darstellung von Größen der Dimension 1.

Auf die

$$\underline{\text{Leerlaufspannung}}: U_L = U_q$$

bezogen ergibt sich die $\underline{\text{Klemmenspannung}}$:

$$\frac{U}{U_L} = \frac{IR_A}{U_q} = \frac{U_q}{R_i + R_A} \cdot \frac{R_A}{U_q} \; ; \qquad \frac{U}{U_L} = \frac{R_A/R_i}{1 + (R_A/R_i)}$$

ebenfalls als Funktion des Verhältnisses Belastungswiderstand zu innerem Widerstand.

Für die $\underline{\text{Ersatzstromquelle}}$, die mit R_A belastet ist, gelten die

$$\text{Knotenregel} \qquad I = I_q - \frac{U}{R_i} \qquad \text{und die}$$

$$\text{Maschenregel} \qquad U = I \cdot R_A .$$

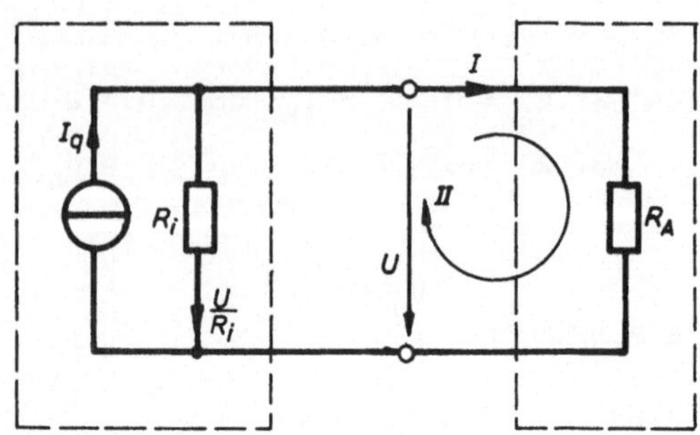

Bild 64: Belastete Stromquelle

Aus beiden Gleichungen folgt nach Eliminieren von U

$$I(1+\frac{R_A}{R_i}) = I_q$$

und damit der auf den Kurzschlußstrom $I_K = I_q$ bezogene Klemmenstrom

$$\frac{I}{I_K} = \frac{1}{1+(R_A/R_i)} \cdot$$

Nach Eliminieren von I ergibt sich

$$U(\frac{1}{R_A}+\frac{1}{R_i}) = I_q$$

und damit die auf die Leerlaufspannung $U_L = R_i I_q$ bezogene Klemmenspannung

$$\frac{U}{U_L} = \frac{1}{(R_i/R_A)+1} = \frac{(R_A/R_i)}{1+(R_A/R_i)} \cdot$$

Das Strom-Spannungsverhalten an den Klemmen einer <u>Ersatzstromquelle</u> ist also definitionsgemäß gleich dem der Ersatzspannungsquelle.

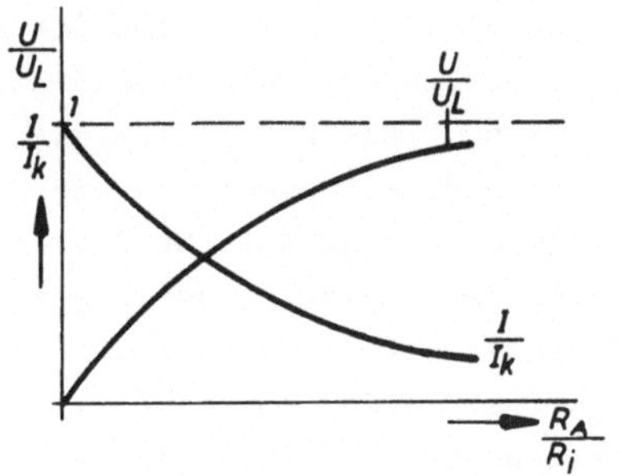

In dem nebenstehenden Bild sind die bezogene Klemmenspannung und der bezogene Klemmenstrom eines aktiven Zweipols - Ersatzspannungs- oder Ersatzstromquelle - in Abhängigkeit vom Verhältnis Belastungswiderstand zu innerem Widerstand dargestellt.

Bild 65: Kennlinien

3.5.6.2. <u>Die übertragene Leistung und der Wirkungsgrad</u>

Die <u>Leistung</u>, die der passive Zweipol aufnimmt, bestimmt man durch Multiplikation der Maschengleichung des Umlaufs II mit dem Strom I:

$$I^2 R_A - IU = 0 \qquad ; \qquad P = IU = I^2 R_A \ .$$

Für einen passiven Zweipol ist sie bei zugrunde gelegtem Verbraucherzählpfeilsystem positiv, d.h. diese Leistung wird aufgenommen.

Bei der <u>Ersatzspannungsquelle</u> läßt sich I durch den Ausdruck

$$I = U_q / (R_A + R_i)$$

ersetzen:

$$P = \frac{U_q^2}{(R_A + R_i)^2} R_A = \frac{U_q^2}{R_i} \cdot \frac{R_A R_i}{(R_A + R_i)^2} \ .$$

Der Faktor U_q^2 / R_i kann als

$$\underline{\text{Kurzschlußleistung}} : P_K = \frac{U_q^2}{R_i}$$

der Ersatzspannungsquelle gedeutet werden, d.h. als die Leistung,
die bei kurzgeschlossenen Klemmen in dem inneren Widerstand der
Spannungsquelle in Wärme umgesetzt wird. Diese Kurzschlußleistung ist also bei einer gegebenen Ersatzspannungsquelle wie
Leerlaufspannung oder Kurzschlußstrom eine konstante Größe. Bezieht man die vom Verbraucher aufgenommene Leistung auf diese
innere Kurzschlußleistung der Spannungsquelle, die also unabhängig von der Größe des Belastungswiderstandes konstant ist, so
stellt sie sich ebenfalls als Funktion des Verhältnisses Belastungswiderstand zu innerem Widerstand dar, also in einer Darstellung von Größen der Dimension 1:

$$\frac{P}{P_K} = \frac{R_A/R_i}{\left[1+(R_A/R_i)\right]^2} \cdot$$

Bei der <u>Ersatzstromquelle</u> läßt sich I durch den Ausdruck

$$I = \frac{I_q}{1+(R_A/R_i)}$$

ersetzen. Man erhält

$$P = \frac{I_q^{\,2}R_A}{\left[1+(R_A/R_i)\right]^2} \cdot$$

Bei der Ersatzstromquelle tritt im Kurzschluß keine endliche
Leistung auf, wohl aber im Leerlauf. Diese

$$\underline{\text{Leerlaufleistung}}: P_L = I_q^{\,2}R_i$$

der Ersatzstromquelle stellt die Leistung dar, die bei offenen
Klemmen ($R_A = \infty$) in dem inneren Widerstand in Wärme umgesetzt
wird. Für eine gegebene Ersatzstromquelle ist die Leerlaufleistung konstant. Bezieht man auf diese konstante Größe die abgegebene Leistung, so erhält man für die bezogene Leistung die
gleiche Funktion von R_A/R_i wie bei der Spannungsquelle für
P/P_K :

$$\frac{P}{P_L} = \frac{R_A/R_i}{\left[1+(R_A/R_i)\right]^2} \quad .$$

Die abgegebene Leistung zeigt also bei der Ersatzstrom- und Ersatzspannungsquelle die gleiche Abhängigkeit von der Größe des Belastungswiderstandes R_A.

Die maximale Leistung, die von einem aktiven Zweipol abgegeben wird, läßt sich errechnen, indem man die Leistung nach dem Widerstandsverhältnis R_A/R_i differenziert und gleich Null setzt:

$$\frac{d}{d(R_A/R_i)} \frac{R_A/R_i}{\left[1+(R_A/R_i)\right]^2} = \frac{1}{\left[1+(R_A/R_i)\right]^2} - \frac{2(R_A/R_i)}{\left[1+(R_A/R_i)\right]^3} = 0$$

$$2(R_A/R_i) = 1+(R_A/R_i)$$

$$R_A/R_i = 1$$

Die maximale Leistung wird dann von einem aktiven Zweipol abgegeben, wenn der Belastungswiderstand gleich dem Innenwiderstand ist.

Dieses ist ebenfalls ein ausgezeichneter Belastungsfall, den man als

$$\underline{\text{Anpassung:}} \quad R_A = R_i \quad ; \quad P_A = \frac{1}{4}\frac{U_q^{\,2}}{R_i} \quad \text{bzw} = \frac{1}{4} I_q^{\,2} R_i$$

bezeichnet.

Im folgenden Bild ist die von dem aktiven Zweipol abgegebene bzw. die von dem passiven aufgenommene Leistung als Funktion des Widerstandsverhältnisses R_A/R_i dargestellt:

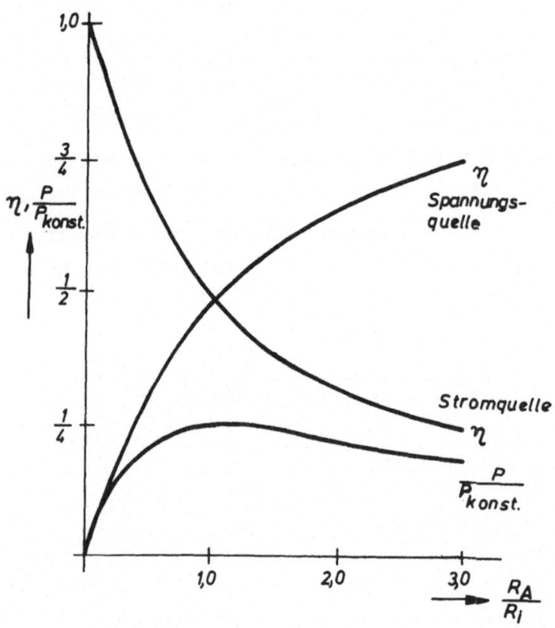

$$P_{konst.} = \begin{cases} P_K = U_q^{\,2}/R_i & \text{bei der Ersatzspan-} \\ & \text{nungsquelle} \\[2mm] P_L = I_q^{\,2}R_i & \text{bei der Ersatzstrom-} \\ & \text{quelle} \end{cases}$$

Bild 66: Belastungskennlinien

Der als Anpassung bezeichnete Betriebspunkt hat in der Nachrichtentechnik eine besondere Bedeutung, wo es häufig darum geht, daß eine möglichst große Leistung zwischen zwei Systemen ausgetauscht wird, unabhängig von dem sich dabei ergebenden Wirkungsgrad. In der Energietechnik strebt man ebenfalls einen möglichst großen Energieaustausch an, allerdings bei einem möglichst guten Wirkungsgrad, was aber im allgemeinen einander widersprechende Forderungen sind, wie folgende Betrachtungen über den Wirkungsgrad zeigen.

Der Wirkungsgrad eines Generators und damit eines aktiven Zweipols ist definiert als

$$\eta = \frac{\text{abgegebene Leistung}}{\text{abgegebene Leistung + innere Verlustleistung}} \, .$$

Bei der <u>Ersatzspannungsquelle</u> beträgt die innere Verlustleistung $I^2 R_i$ und damit der Wirkungsgrad

$$\eta = \frac{I^2 R_A}{I^2 R_A + I^2 R_i} = \frac{R_A / R_i}{1 + R_A / R_i} \; .$$

Dieser Wirkungsgrad ist ebenfalls im vorstehenden Bild 66 über R_A / R_i aufgetragen. Man erkennt, daß dieser im Kurzschluß ($R_A = 0$) mit $\eta = 0$ beginnend - abgegebene Leistung ist Null, alle Leistung wird im inneren Widerstand in Wärme umgesetzt - bis zum Leerlauf ($R_A = \infty$) asymptotisch gegen Eins ansteigt.

Bei der <u>Ersatzstromquelle</u> beträgt die innere Verlustleistung U^2 / R_i und damit der Wirkungsgrad

$$\eta = \frac{U^2 / R_A}{U^2 / R_A + U^2 / R_i} = \frac{1}{1 + (R_A / R_i)} \; .$$

Die Ersatzstromquelle hat also in Abhängigkeit von R_A einen anderen Wirkungsgradverlauf als die Ersatzspannungsquelle (siehe 3.5.3.3.). Bei Leerlauf ($R_A = \infty$) ist die abgegebene Leistung gleich Null, die gesamte von der idealen Stromquelle mit I_q gelieferte Leistung wird in R_i in Wärme umgesetzt, d.h. der Wirkungsgrad ist Null. Im Kurzschluß ($R_A = 0$) ist $U = 0$, und damit sind die abgegebene Leistung wie auch die innere Verlustleistung Null. Der Wirkungsgrad ergibt sich durch Grenzwertbetrachtung aus dem unbestimmten Ausdruck $\eta = 0/0$ zu Eins. Der Wirkungsgrad der Ersatzstromquelle in Abhängigkeit von (R_A / R_i) ist ebenfalls in obiger Skizze dargestellt.

Man erkennt aus den Darstellungen deutlich, daß das Maximum der Leistung nur bei dem relativ schlechten Wirkungsgrad von $\eta = 0{,}5$ übertragen werden kann und daß der beste Wirkungsgrad $\eta \rightarrow 1{,}0$ bei einem Minimum an Leistungsübertragung $P \rightarrow 0$ erreicht werden kann. In der Energietechnik strebt man ein Optimum zwischen möglichst großer Leistungsübertragung - d.h. guter Maschinenausnutzung - bei möglichst gutem Wirkungsgrad an.

Literaturverzeichnis

Bosse, G.: Grundlagen der Elektrotechnik I. Bibliographisches
Institut, Mannheim 1966.

Fricke, H., Moeller, F., Ptassek, R., Schuchhardt, W.,
Vaske, P.: Beispiele und Aufgaben zu den Grundlagen der Elektrotechnik. B.G. Teubner, Stuttgart 1973.

Hagemann, G.: Aufgabensammlung zu den Grundlagen der Elektrotechnik. Akademische Verlagsgesellschaft, Frankfurt/Main 1972.

Lunze, K.: Einführung in die Elektrotechnik (Lehrbuch).
Alfred Hüthig Verlag, Heidelberg 1971.

Lunze, K., Wagner, E.: Einführung in die Elektrotechnik,
Teil 1 (Leitfaden und Aufgaben). Alfred Hüthig Verlag, Heidelberg 1968.

Moeller, F.,Fricke, H., Frohne, H., Vaske, P.: Grundlagen
der Elektrotechnik, Bd. I. B.G. Teubner, Stuttgart 1976.

Oberdorfer, G.: Lehrbuch der Elektrotechnik, Bd. I.
Verlag Oldenbourg, München 1961.

Parnemann, K.: Aufgaben aus der Elektrotechnik - Gleichstromtechnik, Teil 1. H. Schroedel Verlag, Hannover 1965.

Parnemann, K., Janning, W.: Aufgaben aus der Elektrotechnik -
Gleichstromtechnik, Teil 1A. H. Schroedel Verlag, Hannover
1962.

Sacklowski, A.: Einheiten in Physik und Technik (Kleines
Lexikon). Deutsche Verlagsanstalt, Stuttgart 1966.

Vaske, P.: Berechnung von Gleichstromschaltungen.
B.G. Teubner, Stuttgart 1972.

v. Weiss, A.: Allgemeine Elektrotechnik. Fr. Vieweg & Sohn,
Braunschweig 1972.

- 169 -

Sachverzeichnis

Ampere 37, 63f.

Anpassung 165f.

Basisdimension 20f., 24

Basiseinheit 24f.

Basisgröße 17f.

Basisgrößenart 20, 25f.

Belastungswiderstand 161, 163ff., s. auch Widerstand, äußerer

Beweglichkeit 97

CGS-System s. Maßsystem, absolutes

Coulomb 63

Coulombkraft 67ff.

Coulombsches Gesetz der Elektrostatik 29,32,36

Coulombsches Gesetz der Magnetostatik 30,32,36

Definitionsgleichung 15f.

Definitionsgröße 18,24f.

Dimension 19ff.

Dimension, abgeleitete 20f.

Dimension Eins 21f.

Dimensionsrechnung 21,44f.

Dimensionssystem 25ff.

Dreieckschaltung 159

Dreiersystem 32

Driftgeschwindigkeit 96ff.

Dynamisches Grundgesetz 13,28

Eingeprägte Kraft 67ff.

Einheit 22ff.

Einheit, abgeleitete 24f.

Einheit, kohärent abgeleitete 25,38

Einheiten, internationale 39f.

Einheitensystem 26ff.,36f.

Einheitensystem, internationales 24,39f.

Einheitensystem, kohärentes 25

Elektrolyt 54f.

Elektromotorische Kraft (EMK) s. induzierte Spannung

Elektron 18,52f.

Elektronengas 53

Elektronenstrom 53,56

Energie, elektrische 109f.

Ersatzschaltbild 112ff.,131

Ersatzspannungsquelle 143ff., 160ff.

Ersatzstromquelle 143,147f., 161ff.

Ersatzzweipol 151ff.

Erzeuger 65ff.

Erzeugerzählpfeilsystem 122ff.

Feld, elektrisches 69ff.

Feldkonstante, magnetische 37

Feldstärke, elektrische 78f.

Fünfersystem 34

Gleichung, physikalische 14ff., 40f.

Gravitationsgesetz 28,36

Größe, normierte 22

Größe, physikalische 12ff.

Größenart, physikalische 13ff. 21,25

Größenartensystem 26

Größengleichung 38, 41ff.

Größengleichung, zugeschnittene 38, 46ff.

Grundgleichung 15f.

Grundgröße s. Basisgröße

Hilfseinheit 25

Induzierte Spannung (EMK) 80ff.

Innenwiderstand 146,149
s. auch innerer Widerstand

Ion 52

Ionenstrom 53, 56

Kenngröße 146,152

Kirchhoffscher Satz
s. Knotenpunktregel/
Maschenregel

Klemmenspannung 113f.,143ff.
160ff.

Klemmenstrom 143f.,149ff.

Knoten 115,124,132

Knotenpunktregel 124

Kurzschlußleistung 163f.

Kurzschlußstrom 146,148,
153,161f.

Ladung, elektr. 18,29

Ladungsdichte 58

Ladungsgeschwindigkeit
58ff.,64,93

Ladungsmenge 18,57f.

Ladungsströmung 58ff.

Ladungsträger 52ff.

Ladungstrennung 68ff.

Leerlauf 142

Leerlaufleistung 164

Leerlaufspannung 113,146,
148,152f.,161f.

Leistung, elektrische
84f.,108ff.,163f.

Leitfähigkeit, elektrische 99ff.

Magnetmenge 30

Masche 115,136

Maschenregel 125f.

Maßsystem 25ff.

Maßsystem,absolutes 27 f.

Maßsystem, elektrostatisches 28f.

Maßsystem, elektromagnetisches 29f.

Maßsystem, natürliches 32ff.

Maßsystem,technisches 30f.

Materialkonstante 18

Merkmale, meßbare 12

Merkmale, nicht meßbare 12

MKSA-System 32ff.,37ff.

n-Eck, vollständiges 156f.

n-strahliger Stern 157ff.

Naturkonstante 19

Netzwerk 114,131ff.

Netzwerk, lineares 138f.

Normalelement 80

Ohm 108

Ohmsches Gesetz 105ff.

Parallelschaltung 112,118ff.

Polarität 56

Polladung 69

Potential, elektrisches 71ff.

Potentialdifferenz 71f.

Potentielle Energie 69ff.

Proportion 15f.

Proportionalitätsfaktor 16,18

Quellenspannung 113f.,129f.,
   131,142ff.,152
Quellenstrom 149

Rauschen, elektrisches 52
Reihenschaltung 112,115ff.,136

Schaltelement 140
Schreibweise, konventionelle
   35f.
Schreibweise, rationale 35f.
Serienschaltung s. Reihen-
   schaltung
SI-Einheiten 38f.
Sondereinheit 25
Spannung, eingeprägte
   s. induzierte Spannung
Spannung, elektrische 54,71ff.,
   126
Spannungsabfall 113f.,126
Spannungsabfall, äußerer 113f.
Spannungsabfall, innerer 113f.
Spannungsquelle 55,72ff.,113f.,
   127,138,143ff.
Spannungsquelle, ideale
   142,149
Spannungssatz 129
   s. auch Maschenregel
Spannungsteilerregel 117,136f.
Spannungszustand 68ff.
Stern-Dreieck-Umwandlung 158
Sternschaltung 159
Strömung,, elektrische,
   s. Strom, elektrischer
Strom, elektrisch 18,53ff.,
   59ff.
Stromdichte 59ff.
Stromkreis, elektrischer
   55,112ff.,150
Stromquelle, ideale 159

Stromrichtung 56f.
Stromteilerregel 119,136f.
Superpositionsgesetz
   s. Überlagerungssatz
System, abgeschlossenes 140f.

Temperaturabhängigkeit 102ff.
Temperaturbeiwert 103f.
Temperaturkoeffizient
   s. Temperaturbeiwert
Trägergeschwindigkeit 97

Überlagerungssatz 138f.

Verbraucher 65ff.,142,160
Verbraucherzählpfeilsystem 121
Verhältnisgröße 21,25
Verkettung, elektromagnetische
   35
Verlust, innerer 150
Verlustleistung 167
Vierersystem 31f.
Volt 79

Watt 40,109
Wattsekunde 110
Weglänge, freie 96
Wert einer Größe 23
Widerstand 101ff.,106ff.,
   113ff.
Widerstand, äußerer 113f.,147
   s. auch Belastungswiderstand
Widerstand, differentieller
   107
Widerstand, innerer 113f., 138,
   142ff.,153, s.auch Innen-
   widerstand
Widerstand, linearer 107
Widerstand, negativer 124

Widerstand, nichtlinearer 106f.
Widerstand, spezifischer 102

Zählpfeil 119ff., 128ff.,132
Zahlenfaktor 24
Zahlenwert 22f.
Zahlenwertgleichung 41,49ff.
Zweig 115,133
Zweipol 119f.,140ff.,150f.
Zweipol, linearer aktiver 142
Zweipol, linearer allgemeiner
   143
Zweipol, linearer passiver
   141f.
Zweipolleistung 121ff.,142
Zweipoltheorie 140

Teubner Studienskripten Elektrotechnik

v. Münch,   Werkstoffe der Elektrotechnik
                5., überarbeitete Aufl. 254 Seiten. DM 19,80

Oberg,   Berechnung nichtlinearer Schaltungen
                für die Nachrichtenübertragung
                168 Seiten. DM 16,80

Pinske,   Elektrische Energieerzeugung
                127 Seiten. DM 15,80

Pregla/Schlosser, Passive Netzwerke - Analyse und Synthese
                198 Seiten. DM 17,80

Römisch,   Berechnung von Verstärkerschaltungen
                2., durchgesehene Aufl. 192 Seiten. DM 17,80

Schaller/Nüchel, Nachrichtenverarbeitung

                Band 1 Digitale Schaltkreise
                3., überarbeitete Aufl. 168 Seiten. DM 17,80

                Band 2 Entwurf digitaler Schaltwerke
                4., überarbeitete und erweiterte Aufl. 223 Seiten. DM 17,80

                Band 3 Entwurf von Schaltwerken mit Mikroprozessoren
                2., neubearbeitete und erweiterte Aufl. 173 Seiten. DM 16,80

Schlachetzki, Halbleiterbauelemente der Hochfrequenztechnik
                280 Seiten. DM 19,80

Schlachetzki/v. Münch, Integrierte Schaltungen
                255 Seiten. DM 19,80

Schmidt,   Digitalelektronisches Praktikum
                2., durchgesehene Aufl. 238 Seiten. DM 18,80

Scholze,   Einführung in die Mikrocomputertechnik
                320 Seiten. DM 21,80

Schymroch,   Hochspannungs-Gleichstrom-Übertragung
                127 Seiten. DM 15,80

Seinsch,   Grundlagen elektr. Maschinen und Antriebe
                230 Seiten. DM 18,80

Strassacker,   Rotation, Divergenz und das Drumherum
                2., überarbeitete Aufl. XII, 227 Seiten. DM 19,80

Thiel,   Elektrisches Messen nichtelektrischer Größen
                2., überarbeitete und erweiterte Aufl. 244 Seiten. DM 19,80

Ulbricht,   Netzwerkanalyse, Netzwerksynthese und Leitungstheorie
                175 Seiten. DM 15,80

Unger,   Hochfrequenztechnik in Funk und Radar
                2., neubearbeitete und erweiterte Aufl. 233 Seiten. DM 18,80

Vaske,   Berechnung von Drehstromschaltungen
                2., überarbeitete Aufl. 180 Seiten. DM 16,80

Vaske,   Berechnung von Gleichstromschaltungen
                4., durchgesehene Aufl. 132 Seiten. DM 15,80

Vaske,   Berechnung von Wechselstromschaltungen
                3., durchgesehene Aufl. 224 Seiten. DM 18,80

Vaske,   Übertragungsverhalten elektrischer Netzwerke
                3., überarbeitete Aufl. 164 Seiten. DM 16,80

Weber,   Laplace-Transformation für Ingenieure der Elektrotechnik
                5., überarbeitete Aufl. 223 Seiten. DM 18,80

Westermann, Laser
                190 Seiten. DM 17,80

Preisänderungen vorbehalten